U0334273

# 观赏荷花新品种选育

主编　丁跃生　姚东瑞

江苏凤凰科学技术出版社・南京

**图书在版编目（CIP）数据**

观赏荷花新品种选育 / 丁跃生等主编. —南京：江苏凤凰科学技术出版社，2022.5

ISBN 978-7-5713-2787-3

Ⅰ. ①观… Ⅱ. ①丁… Ⅲ. ①荷花-选择育种 Ⅳ. ①S682.320.3

中国版本图书馆CIP数据核字（2022）第028590号

**观赏荷花新品种选育**

主　　编　丁跃生　姚东瑞
责任编辑　沈燕燕　韩沛华
责任校对　仲　敏
责任监制　刘文洋

出版发行　江苏凤凰科学技术出版社
出版社地址　南京市湖南路1号A楼，邮编：210009
出版社网址　http：//www.pspress.cn
排　　版　南京紫藤制版印务中心
印　　刷　南京新世纪联盟印务有限公司

开　　本　889 mm × 1 194 mm　1/16
印　　张　16.75
插　　页　4
字　　数　250 000
版　　次　2022年5月第1版
印　　次　2022年5月第1次印刷

标准书号　ISBN 978-7-5713-2787-3
定　　价　218.00元（精）

# 《观赏荷花新品种选育》
## 编创人员名单


**主　编**　丁跃生　姚东瑞

**副主编**　刘晓静　曹先定　徐迎春

**编　委**　彭　英　杜凤凤　佘琳芳
刘琪龙　谢　蕾　童　梅
王彦杰　金奇江　陈少周
周雨濛　刘　桢

**摄　影**　丁春晓　李坤阳

**插　图**　黄潜豪　王俊博

# 序一

早在20世纪80年代中期，中国科学院武汉植物园派我去美国执行中美荷花合作研究项目。在美期间，从报刊上获知，荷花被选为中国十大传统名花，作为研究荷花的学者，我甚为兴奋与鼓舞。荷花除了其在植物界特殊的进化地位及其经济价值，还有“出淤泥而不染，濯清涟而不妖”的品格。中国被誉为“世界园林之母”，不仅有光辉灿烂的园林艺术，还有很多珍贵的园林植物，其中很多已成为世界性的大众花卉。那时，我和恩师陈俊愉先生都认为，荷花是中国的国粹之一，一定能走出国门，走向世界，成为世界名花。

荷花全身是宝，兼具观赏、经济、生态、文化价值，久享盛誉，可谓水生植物界的瑰宝。此外，荷（莲）文化中廉洁、自爱、和谐、花之君子的寓意，至臻、至善、至美的精神追求，也对推动精神文明建设有重要意义。

荷花在我国栽培历史十分悠久，分布广泛，资源丰富。近20年来，我国观赏荷花育种成就超过了历史上任何时期，品种数量也快速增长。据不完全统计，2011年至今，全球选育荷花品种数量超2 000个，其中由我国育种者选育的品种数就有1 500多个。我国观赏荷花育种工作在全世界遥遥领先。

莲属植物全世界只有2个种，一个分布在中国及东南亚，由于我国几千年的栽培，如今品种繁多，花色花型丰富多彩。另一个分布在美国，贵于其黄色的花，至今仍是野生状态，未形成栽培品种。我在美国期间做了一些这两个种的远缘杂交，选育出了‘友谊牡丹’莲。近20年来，南京艺莲苑花卉有限公司和江苏省中国科学院植物研究所、南京农业大学继续从事此项工作，一直坚持利用美洲莲和具有美洲莲血统的资源作为亲本，培育出许多新品种，丰富了观赏荷花类型。选育的新品种从黄色、绿色、深红色、复色、嵌色等方面进行了花色遗传改良，并从附属物颜色、花型花态等方面进行了种质创新。

《观赏荷花新品种选育》是编著者结合 30 多年的育种、实践经验总结而成的著作，书中概述和归纳了观赏荷花栽培生产、新品种选育的技术要点，以及荷花新品种在登录、认定与保护方面的情况。主要包括：观赏荷花的种植要求、繁殖方法、栽培技术，观赏荷花育种尤其是杂交育种的过程，以及近年来自主培育获得莲属国际登录、农业农村部植物品种权和省级鉴定的 65 个品种，并附有翔实的图文介绍。这本书是对观赏荷花育种经验和成果的分享，不仅为广大荷花栽培生产者、育种者、爱好者提供了宝贵资料，还有利于荷花这一中国传统名花以崭新的形象进入全民视野。

作为从事荷花、睡莲科技工作近 60 年的学者，对《观赏荷花新品种选育》一书即将付梓，满是欢喜，表示祝贺，乐以推荐，是为序。

黄国振

2022.01.15.

（国际睡莲水景园协会名人堂奖

中国睡莲研究终身成就奖

中国植物园终身成就奖

获奖者　黄国振）

2022.01

# 序二

荷花是我国十大传统名花之一，其栽培历史悠久，文化底蕴深厚，是集观赏、食用、药用、文化和生态等功能于一体的水生花卉，不仅深受广大民众喜爱，在生态水景与湿地景观营建中也发挥着重要作用。

中国现代观赏荷花事业起步于20世纪60年代，一大批荷花工作者克服重重困难，从荷花产业、科研、文化等方面不遗余力地推动荷花事业的发展。如今我国荷花事业呈现总体向好、亮点纷呈、活力迸发的局面。

南京农业大学与荷花渊源颇深，先后与江苏省中国科学院植物研究所、南京艺莲苑花卉有限公司、江苏省农业科学院等建立了战略合作关系。编撰团队通过潜心科研及育种实践，取得了可喜成绩，目前建有国家级荷花种质资源圃，通过杂交育种等手段选育出了观赏荷花历史上具有里程碑意义的黄色重瓣品种'秣陵秋色'、绿色少瓣品种'金陵凝翠'，以及'中国红'系列等100多个新品种，新品种在花型、花色上取得了突破性进展，育种水平已处于世界前列。我很早就结识南京艺莲苑花卉有限公司总经理丁跃生，发现他对荷花非常热爱，甚至可以称得上是一种痴迷，也正是对荷花的这一份痴情，他用三十年如一日的坚持，全身心投入到荷花育种栽培工作中，成为一名经验丰富的荷花育种专家。

目前，我国荷花事业蓬勃发展，但也存在一些问题，如部分荷花从业者和爱好者专业知识有待提高、对新品种知识产权的保护意识不强等，不利于荷花科学知识的传播和普及。为此，南京艺莲苑花卉有限公司、江苏省中国科学院植物研究所、南京农业大学及江苏省农业科学院四家单位的编著者在总结近三十年来对荷花的系统研究和育种实践经验的基础上，编写了《观赏荷花新品种选育》一书。该书内容丰富全面，既有对观赏荷花的形态与习性、栽培繁殖技术、新品种选育方法的介绍，也包括对荷花新品种登录、认定和保护方法及流程的阐述，同时对近年来自主选育的65个观赏荷花新品种进行详细的图文介绍。该书可作为观赏荷花育种栽培相关技术人员和荷花爱好者的重要参考书籍，有利于读者更加深入地了解荷花，也有利于促进荷花产业的发展和推广普及。

在《观赏荷花新品种选育》一书付梓之际，作为花卉教学科研人员，心情激动、欣喜不已，乐于推荐，是为序。

（中国园艺学会副理事长

江苏省花卉产业技术体系首席专家

南京农业大学校长　陈发棣）

2022.01

# 前言

“江南可采莲，莲叶何田田”这句《汉乐府·江南》中脍炙人口的诗句，把人们带入江南水乡。说起江南风物，其中最具代表性的可能要数荷花了。无论是〔唐〕王昌龄《采莲曲》“荷叶罗裙一色裁，芙蓉向脸两边开。乱入池中看不见，闻歌始觉有人来”；还是〔南宋〕杨万里《晓出净慈寺送林子方》中不朽名句“接天莲叶无穷碧，映日荷花别样红”，都把荷花的美丽与人们对她的喜爱表达得淋漓尽致。

荷与莲，在古代是有着不同含义的，而现代人则把它们简化为同义词。江南水乡是荷花的故土，早在2 500多年前吴王夫差为宠妃西施能欣赏荷花，特在太湖之滨的灵岩山（今苏州吴中区）离宫修“玩花池”，移种江南野生红莲，这是人工砌池栽莲专供观赏的最早实例。20世纪40年代，苏州文人卢文炳对盆栽荷花栽培技术有很深的造诣，著有《莳荷一得·君子吟合编》一书，载有“钵莲，亦名碗莲”，这是“碗莲”一词最早的记载。每年农历六月廿四日，为荷花“生日”，又称“观莲节”，起源于苏州葑门外的荷花荡。此日，游人倾城而出，扶老携幼，乘游船画舫，载歌载舞，文人们饮酒赏荷，赋诗作对，是江南重要的民俗。从〔清〕张远《南歌子》可窥一斑：“六月今将尽，荷花分外清。说将故事与郎听。道是荷花生日，要行行。粉腻乌云浸，珠匀细葛轻。手遮西日听弹筝。买得残花归去，笑盈盈。”

佛教文化中，把荷花视为圣洁之花，又以莲瓣多寡分为人华、天华和菩萨华。人华者，芸芸众生仅十余瓣而已；天华莲瓣至数百瓣，为人中蛟龙；菩萨华者，佛祖释迦牟尼莲瓣多达千瓣。北宋理学家周敦颐的《爱莲说》中称：“莲，花之君子者也。”在普通人的生活中，莲是佳肴和美食；在文人雅士的眼里，它是美的仙子，心灵的伴侣。

“江南好，风景旧曾谙。日出江花红胜火，春来江水绿如蓝，能不忆江南。”中国现代观赏荷花事业起步于20世纪60年代，一大批荷花科技工作者克服重重困难，不遗余力地推动荷花事业的进程，至今荷花事业已得到蓬勃发展。“多情明月邀君共，无主荷花到处开”，至此我们更加怀念花卉界前辈、对荷花事业一直给予支持与关注的陈俊愉院士和中国现代观赏荷花奠基人王其超与张行言先生。

本书由江苏省中国科学院植物研究所、南京艺莲苑花卉有限公司、南京农业大学与江苏省农业科学院的专家学者共同编写完成，本书得到了姚东瑞研究员的“水生植物资源开发与利用课题组”与南京艺莲苑花卉有限公司“丁跃生乡土人才大师工作室”、南京农业大学园艺学院徐迎春教授的“荷花睡莲种质创新与水生态修复研究团队”的大力支持，通过多方密切合作，令本书得以顺利出版。

在参考大量的植物遗传育种学和荷花书籍并学习前辈经验的基础上，本书归纳了观赏荷花栽培生产、新品种选育的技术要点，以及荷花新品种国际登录、认定与保护的情况。主要包括：观赏荷花的形态特征、生长习性、种植要求、繁殖方法、栽培技术，观赏荷花育种知识和育种技术，以及近年来自主培育获得莲属国际登录证书、农业农村部植物新品种权和江苏省农作物鉴定证书的荷花新品种，并附有图文介绍。力求用简洁的语言、拥有细节魅力的品种图片介绍实用的知识和技术，兼具科学性、实用性和欣赏性，使刚开始接触荷花的“新荷友”读者也能读懂并掌握；有利于观赏荷花产业的发展和推广普及。本书适合观赏荷花育种相关技术人员、观赏荷花栽培生产企业、观赏荷花爱好者等学习使用。

多年来，我们在从事观赏荷花科研过程中，得到了各级农业和科技主管部门的大力支持。华南农业大学林学与风景园林学院郁书君教授的花卉教研组团队参与了部分新品种选育和性状调查工作。国际莲属登录负责人、上海辰山植物园田代科研究员在育种工作中给予了指导，新加坡荷花育种家吴淑虎先生提供了热带型荷花的部分照片。在本书编写过程中，还得到了江苏省花木协会荷花专业委员会的大力支持与帮助，在此一并表示衷心的感谢。

国际睡莲水景园协会“世界睡莲名人堂”成员之一、中国睡莲终身成就奖获得者黄国振教授年近九旬高龄，欣然为本书作序，给我们后生巨大的鼓舞。南京农业大学校长、我国著名的花卉专家陈发棣教授也为本书作序。两位教授对我们的工作给予了充分的肯定，在这里，向两位教授表达我们由衷的感谢！

由于编著者水平有限，书中难免有遗漏和错误之处，恳请广大读者批评指正。

编著者

2021年12月

# 目录

1

# 一、荷花概述

荷花，又称莲，是莲科（Nelumbonaceae）莲属（*Nelumbo* Adans.）多年生水生宿根草本植物。其地下茎称藕，能食用；叶可入药；莲子为上乘补品；花可供观赏。荷花被古人称为芙蓉、水芝、水芸、水旦、水华等，又有溪客、玉环、静客、净友、六月春等雅称，未开的花蕾称菡萏，已开的花朵称芙蕖，是中国十大传统名花之一。

荷花是一种古老的被子植物。中国是荷花的起源中心之一，有着悠久的荷花栽培历史。生长在我国南北各地的野生荷花，俗称野藕，是比较原始的荷花类型，其藕细长，入泥深，耐水淹，生命力强，是珍贵的荷花种质资源。1973年，考古工作者在位于浙江省余姚县罗汉村的"河姆渡文化"遗址中，掘出了距今七千多年的荷叶化石和五千多年的炭化莲子，说明早在新石器时期，荷花就成为人类的采集、驯化对象之一。千百年来劳动人民通过对野生资源的引种驯化和选育获得了大量荷花栽培品种资源，根据生产实践不同的需求分为藕莲、子莲和花莲三大品系，即以收获肥大地下茎为目的的藕莲（也称莲藕、莲菜、菜藕、藕等，图1–1）、以采收莲子为目的的子莲以及以观赏为目的的花莲（也称观赏荷花，图1–2）。

图1–1　藕莲

图1–2　观赏荷花

野生荷花资源的花型多为少瓣型，有学者通过研究野生荷花和近代栽培荷花品种及相关演化，推测：荷花花型的演化是从少瓣、半重瓣、重瓣、重台到千瓣（图1–3），其花瓣数目的增多是雄蕊和雌蕊瓣化的结果，尤其千瓣莲，其雄蕊、雌蕊甚至花托均发生瓣化；荷花花色的演变是从原始的单一的红色，发展为粉色、白色、复色等多种色彩（图1–4）；花蕾则从窄卵形向卵形、阔卵形过渡（图1–5）。

a. 少瓣

b. 半重瓣

c. 重瓣

d. 重台

e. 千瓣

图 1–3　荷花花型

a. 红色

b. 粉色

c. 白色

d. 黄绿色

e. 复色

f. 嵌色

图 1–4　荷花花色

a. 窄卵形

b. 卵形

c. 阔卵形

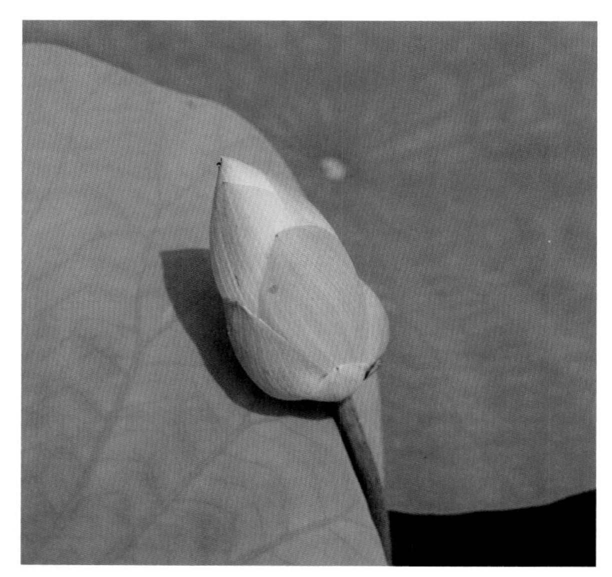
d. 纺锤形

图 1-5　荷花花蕾

莲属植物目前仅存有两个种，即亚洲莲（Asian Lotus, 学名为 *Nelumbo nucifera* Gaertn.）和美洲莲（American Lotus, 学名为 *Nelumbo lutea* Pers.），见图 1-6。美洲莲也叫黄莲、美洲黄莲，原产于美洲，美国是其分布中心。亚洲莲的地理分布广泛，西至欧洲与亚洲交界处的里海，东至亚洲的日本和朝鲜半岛，南至澳洲。中国是亚洲莲的分布中心，所以亚洲莲也被人称为中国莲。虽然亚洲莲与美洲莲产地相距甚远，但两者之间并不存在生殖隔离。在形态特征上，亚洲莲株型有大、中、小型及微小型，美洲莲仅有中型；

美洲莲叶色较亚洲莲更深绿，叶片更厚；亚洲莲花色有红、白、粉色等，美洲莲仅有黄色，美洲莲为选育黄色荷花品种奠定了基础；亚洲莲花型有少瓣、半重瓣、重瓣、重台、千瓣型等，美洲莲仅有少瓣型；亚洲莲叶柄和花梗上粗糙有刺，美洲莲叶柄和花梗光滑；美洲莲花蕾呈纺锤形，亚洲莲多窄卵形、卵形、阔卵形。此外，美洲莲种藕在中国许多地方栽种、保存时易烂藕，不易保种。

a. 亚洲莲　　b. 美洲莲

图 1–6　亚洲莲和美洲莲

根据不同生态型可将荷花分为温带型、亚热带型和热带型。温带型品种分布在北纬 43° 以北，包括中国的吉林省、黑龙江省及俄罗斯南部地区。典型品种如我国东北地区的‘黑龙江红莲’和俄罗斯阿穆尔河流域的‘卡马罗夫莲’，现多为野生。亚热带型品种分布于北纬 13° ~43° ，包括我国大部分地区和东南亚部分地区，亚热带型荷花人工驯化时间长，栽培管理水平较高，是栽培面积最大、遗传多样性最丰富的荷花类型，包含了野生品种和大量的栽培品种。热带型品种分布在北纬 13° 以南的热带地区，如泰国、新加坡等。在热带地区不存在冬季低温期，所以热带型品种没有随着一年中气候季节性变化而改变生长节律的特性，没有生长期和休眠期的交替，可以不停地生长、开花、结实。移入亚热带地区种植的热带型品种，在低温季节会被迫停止生长，花和叶枯死、地下茎休眠。热带型品种有一个显著特点，即根状茎在泥中多不膨大成藕或稍膨大成藕形，多呈现为藕鞭，代表品种有‘粉红凌霄’‘至高无上’等，详见图 1–7。

a. 八姨

b. 大红十八

c. 白十八

d. 小红十八

e. 中红十八

f. 粉红凌霄

g.至高无上

图 1-7　常见热带型荷花品种

荷花的用途广泛，不仅可以作为经济作物，也可用作观赏植物（图 1–8）。荷花在我国的栽培历史悠久，分布也极为广泛，北起黑龙江，南至海南岛，东至上海，西至云南滇西高原均有荷花的分布或栽培。但其规模化栽培主要分布在长江、珠江、黄河、黑龙江流域。藕莲主产区在湖北、江苏、安徽、山东、广东、浙江、云南、四川、广西等地，我国台湾省也有栽培。子莲主要分布在湖南、福建、江西、浙江、湖北等省，以湖南湘潭，江西广昌、莲花、石城，福建建宁，浙江丽水最具盛名。花莲主要集中地在武汉、南京、上海、北京、铁岭、银川、杭州、济南、重庆、苏州、扬州、贵港、昆明、深圳、广州、澳门等地。中国以荷花为市花的城市有孝感、洪湖、济宁、济南、许昌、九江、肇庆等，同时荷花也是澳门特别行政区区花和台湾省花莲县县花。

a.金陵凝翠

b.雨落花台

c.秣陵夏歌

d.金丝猴

e.神州美・澳

图 1–8　观赏荷花

2

# 二、荷花的形态特征及生长习性

## （一）形态特征

现将荷花的根、茎、叶、花、果实和种子各部分特征分述：

1. 根

荷花根为须根系，主根退化，无明显主根；在地下茎节间环生不定根，不定根较短，呈束状，初生为白色，后转变为黑褐色。荷花根系主要作用是吸收水分、养分以及固定植株。

2. 茎

荷花的茎为地下茎（根状茎），顶端的一节叫作藕头，藕头前面有顶芽，俗称“藕苫”，顶芽由一个棒状叶芽和一个较小的副芽组成。在藕节处有侧芽（侧苫）和叶芽。剥去顶芽外的鳞片状芽鞘，里面有一个包着鞘壳的叶芽和花芽的混合芽及短缩的地下茎，在短缩地下茎的顶端又有一个被芽鞘包裹的新顶芽，这样每一级顶芽都重复前面的结构。当顶芽受伤后，侧芽会萌发成新梢代替顶芽（图 2-1）。

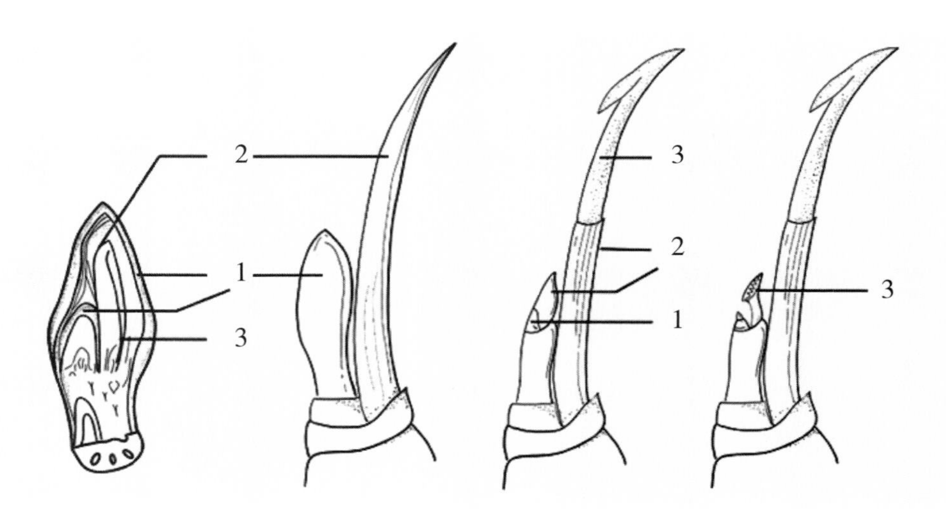


1—芽鞘；2—叶鞘；3—幼叶。

图 2-1　芽的形态

清明前后，藕头的顶芽开始萌发，在泥中横生。刚形成时，细长如“带”，在浅水中分枝蔓延生长，称为“藕带”或者“藕鞭”。藕鞭分枝性极强，在生长几节后，每节几乎都有分枝。分枝依次为左右互生，主鞭节上可发生一级分枝，一级分枝上又可发生二级分枝。管理得当时，一个种藕能有十几条分枝。7 月下旬以后，荷花的生长转向地下茎膨大结藕阶段。主茎及分枝膨大成圆柱状，中间有孔洞，俗称“莲藕”，是贮藏养分和第二年繁殖的器官。由主茎先端直接形成的肥大新藕称为“亲藕”或者“主藕”；由亲藕节上的分枝，即一级分枝膨大所形成的藕，为“儿藕”；由儿藕节上的分枝，即二级分枝所形成的藕则为“孙藕”；二级以上的分枝有时亦能形成新藕，称为“重孙藕”，但多数只能形成芽（图 2-2）。荷花的主藕、儿藕、孙藕形成时，母藕（栽种时的种藕）开始发黑而逐渐烂掉。

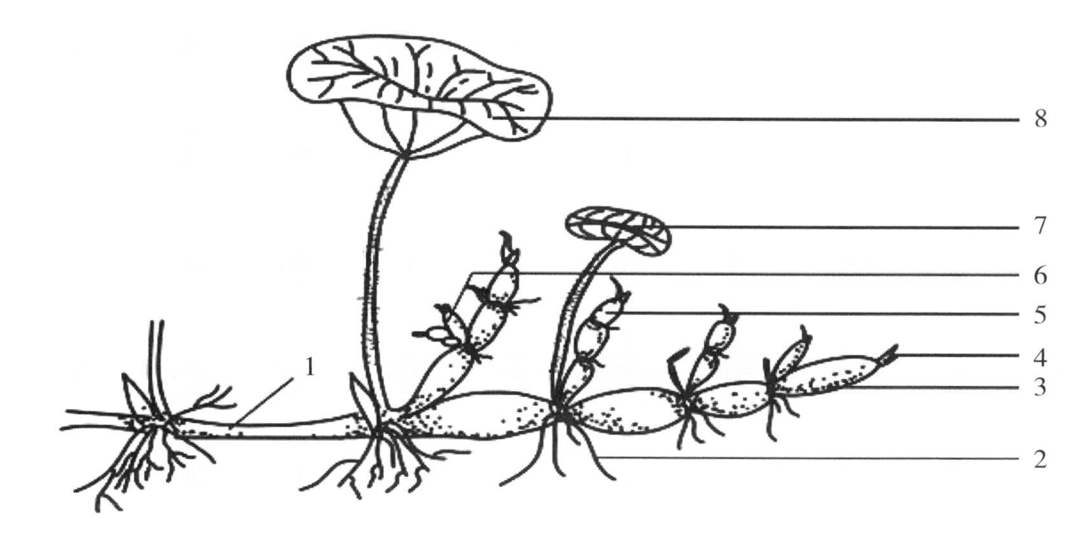


1—地下茎； 2—须根；3—主藕；4—顶芽；5—子藕；6—孙藕；7—终止叶；8—立叶。

图 2-2 荷花的形态

藕的表皮颜色主要为白、黄白、玉黄色，极少数有美洲黄莲基因的品种为褐色或者暗红色，有些表皮上散生淡褐色小斑点。藕有腹背之分，部分品种在腹面呈现一道浅而宽的沟。藕头有圆钝和锐尖之分，一般圆钝的藕头入泥浅，锐尖的入泥深。

根据国际莲属（*Nelumbo*）品种登记表描述，藕的形态分为莲鞭状、长筒状、短筒状、极短近成珠状。一般有热带型荷花基因的品种种藕多为莲鞭状；亚热带型荷花和温带型荷花多为长筒状与短筒状；着花量大的花莲、子莲多为细而长的长筒状；着花量少的藕莲多为短筒状；有美洲黄莲基因的种藕多为极短近成珠状。

藕横切面除中间孔外，还有 7 或 9 孔。7 孔藕俗称“粉藕”，藕质糯而不脆，多用于提取莲粉或煲汤；而 9 孔藕俗称“脆藕”，细嫩光滑，适合生食或清炒。

3. 叶

种藕栽种后，由种藕的节上伸出第一枚叶柄，上着生小圆叶，由于叶柄细弱，小叶漂浮于水面，大小、形状与铜钱相似，被称为“钱叶”或“藕钱”；幼苗和成苗期长出的，浮于水面的叶称为“浮叶”，挺出水面的叶称为“立叶”；立秋前藕鞭最后一节抽出的叶，被称为“后把叶”，后把叶的前一片叶，叶片小而厚被称为“终止叶”。“后把叶”出现则标志着荷花的生长转向地下茎膨大结藕阶段。

荷叶由叶柄和叶片组成。荷叶初出水面时，常呈纵卷状，因此有人称之为“荷箭”（图 2–3 a），荷箭纵卷的方向就是地下茎藕鞭的走向。荷叶张开后多呈盾状圆形，全缘波状，顶生于叶柄之上；叶面为深绿色或黄绿色，被蜡质白粉，表面密生细毛用于保护叶面的气孔；叶中心称叶脐，叶脉由叶脐向四周叶缘呈放射状分布，每片叶的叶脉有 20 条左右（图 2–3 b）。

a. 荷箭

b. 张开后的荷叶

图 2–3 荷叶

叶柄圆柱形，表面多密布小刺。叶柄有 4 个大的通气道，叶柄的通气道与地下茎的气道相通，形成发达的通气系统。荷花生长期不可以将叶柄从水下折断，否则水从通气道灌入后容易使地下茎腐烂。

4. 花

荷花为两性花，单生于花梗顶端，花梗与叶柄并生于同一节上，叶柄在前花梗在后。因此可将并生于花梗的叶称为“伴生叶”。观赏荷花有时会出现同一花梗两朵并生的“并蒂莲”（图 2–4）和极为罕见的 3 个花苞共生的“品字莲”。

图 2–4 并蒂莲

花器官由花萼、花冠、雄蕊群、雌蕊群、花托和花梗 6 部分组成（图 2–5）。花萼位于花被的外围，一般有 2~6 片。花冠由花瓣组成，花瓣的大小、数量、形状、颜色因品种不同有较大的差异。花瓣颜色有红、白、粉红、黄、绿、复色及洒锦类（嵌色）。花瓣形状有近圆形、菱状匙形、宽椭圆形、倒卵状椭圆形、狭长圆形、倒卵状匙形、倒卵状披针形和倒卵形。

雄蕊群环生于花托基部，雄蕊由花丝、花药及附属物 3 部分组成，附属物多为白色或淡黄色，近些年也选育出了附属物为红色、紫色的品种（图 2-6）。花药多为鲜黄色，近些年也出现了橙色带红条纹的品种（图 2-7）。

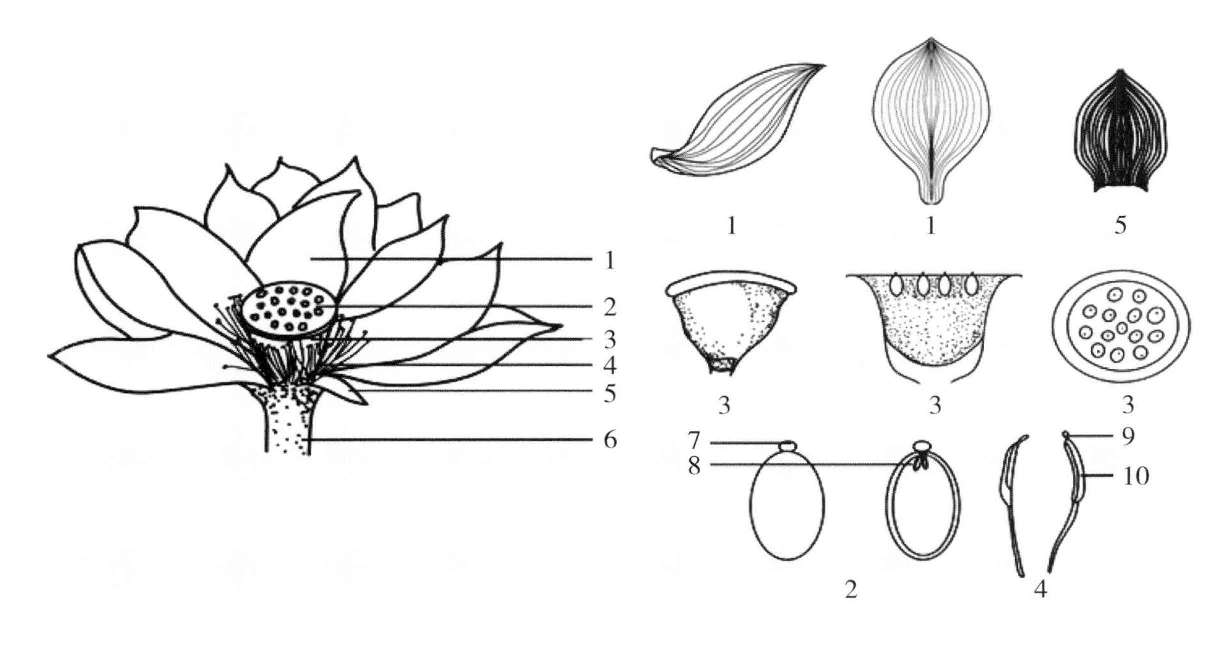


1—花瓣；2—心皮（雌蕊）；3—花托；4—雄蕊；5—萼片；6—花梗；7—柱头；8—胚珠；9—附属物；10—花药。

图 2-5　荷花的结构

a. 白色附属物

b. 淡黄色附属物

c. 黄色附属物

d. 红色附属物

e. 鲜红色附属物

f. 紫红色附属物

g. 深紫色附属物

深紫色附属物

图 2-6　荷花雄蕊附属物

图 2-7 带红色条纹的花药

雌蕊群由柱头、花柱、子房沟和子房组成。柱头顶生，花柱极短，子房上位，心皮多数，散生于海绵状肉质花托内。花托有狭喇叭状、喇叭状、倒圆锥状、伞形、扁球形、碗形，其受精后随果实和种子的发育而增大，被称为"莲蓬"（图 2-8）。

a. 青熟期的莲蓬

b. 老熟期的莲蓬

图 2-8 不同时期的莲蓬

荷花自然花期多为6—9月，单朵花初开时每天晨开午合，常于清晨渐次开放（图2-9），上午9时开始又渐渐闭合，至中午11时左右完全闭合。少瓣型品种单朵花期为3~4 d，重瓣莲、重台莲和千瓣莲花期稍长，栽培得当的情况下，花期为4~7 d。荷花开花第1天柱头上有晶莹的分泌物，也叫作柱头液，此时是荷花授粉的最佳时机。花期遭遇阴雨天会延后荷花的开花与闭合时间。观赏荷花群体花期的长短与品种特性和环境条件有关，群体花期长的可达100 d以上。观赏荷花从开花到莲子完全成熟的时间与气温和光照有关，7月晴天温度较高时，开花后21 d莲子就可以成熟；而在9月初气温下降后需要40~50 d。

图2-9　盛开中的荷花

5. 果实与种子

荷花凋谢后，花被片散落，留下肉质花托，即莲蓬。每个莲蓬内有数量不等的小坚果，俗称“莲子”。其果皮革质，老熟后呈黄褐色至黑色，极坚硬，故有“铁莲子”之称（图2-10）。莲子的形状有椭圆形、卵形和卵圆形。种子由膜质的种皮、胚及退化的胚乳组成，胚又由胚芽、胚轴、子叶和退化的胚根组成（图2-11）。

图2-10　老熟的莲子

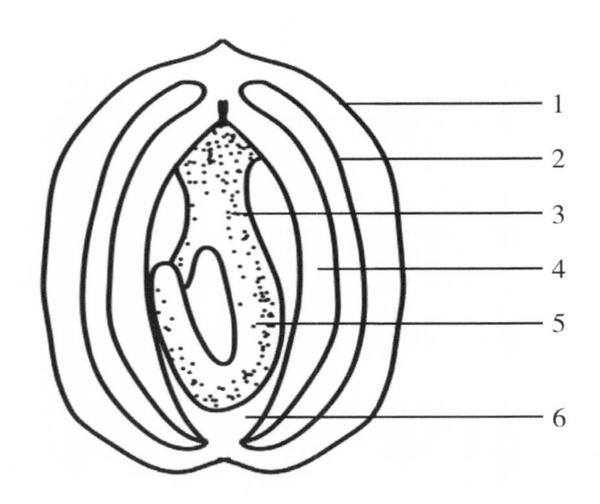


1—果皮；2—种皮；3—胚轴；4—子叶；5—胚芽；6—空腔（破壳部位）。
图 2–11　莲子的结构

## （二）生长习性

荷花年度生长周期从春季萌芽开始，经过夏季生长，到秋冬季结实、新藕形成和成熟，直至休眠。一般将观赏荷花的生长发育期划分为萌芽期、成苗期、盛花期、结藕期和休眠期5个阶段。

### 1. 萌芽期

从种藕藕芽萌发到长出浮叶为萌芽期。春分以后，当日均气温升至 10 ℃以上时，种藕上的藕芽开始萌动；清明以后日均气温达 15 ℃以上时，开始长出浮叶，并抽生藕鞭；当日均气温达 20 ℃以上时，主鞭抽生立叶，并形成完整根系，需肥量开始增加，生长加快，开始进入营养生长阶段。

### 2. 成苗期

从第 1 片立叶出现到现蕾为成苗期（图 2–12）。在长江流域，6 月初日均气温达 20 ℃以上时，主鞭上抽生 2~3 片立叶，立叶所在的节随后分出侧鞭。6 月下旬进入梅雨季节，雨水较多，湿度大、气温高，适宜荷花生长，此时荷花开始进入生长旺盛期。此后一般每隔 5~7 d 长出一片立叶，且立叶高度递

图 2–12　荷花成苗期

增，同时地下部分的主鞭、侧鞭也开始快速生长，形成一个庞大的分枝系统。成苗期荷花以营养生长为主，其标志是主鞭与侧鞭显著生长，叶片数量快速增多，叶面积增大，基本覆盖栽培水面。该阶段的生长情况会直接影响后期开花量和种藕繁殖系数，是栽培管理的关键时期。既要保证地上部旺盛的生长势，以通过光合作用合成和积累大量养分；又要求地下部根状茎健康生长、延伸和分枝，为开花和种藕发育打好基础。因此管理上要严防大风侵袭，避免折叶伤根。同时及时补充肥料，满足生长需要。此阶段荷花长叶长藕需水量大，盆栽荷花尤其注意不要让盆内缺水。

3. 开花期

从植株第一朵花现蕾到最后一朵花凋谢为开花期（图 2–13）。这个时期植株会连续不断地开花，需要足够的养分供应。开花量因品种不同有所差异，一般在长出 3~4 片立叶后长出第一朵花，此后基本上是一叶一花。此时期是观赏的最佳时期，亦是丰花管理的关键时期。应每隔 15 d 左右追肥 1 次，以满足其生长和开花需求：大田种植时可每次施复合肥 20 kg/ 亩 * 左右；口

图 2–13　荷花开花期

* 亩为我国农业生产中常用面积单位，1 亩 ≈ 667 $m^2$。为便于统计、叙述，后文中部分内容仍用“亩”为面积单位。

径 40 cm 左右的盆栽荷花每次每盆可施复合肥约 3 g。

4. 结藕期

从地下茎开始膨大到新藕成熟（南京地区通常从夏至到大暑后）为结藕期。当年种藕繁殖系数因品种、生长环境、栽培措施不同而异。观赏荷花的结藕一般盆栽比池栽早，浅水种植比深水种植早，密植比稀植早，南方比北方早。另外，在结藕期如遇台风、长期阴雨、低温等灾害，结藕会延迟。在南京地区，早花品种一般在小暑到大暑期间地下茎开始膨大，7 月中旬新藕基本定型，此时可以采收嫩藕进行二次种植。8 月以后，气温开始下降，植株养分向地下茎积累，地上部逐渐枯黄，藕身逐渐成熟，到秋分前后，藕身完全成熟。到初霜来临时，日均气温下降至 13 ℃，植株完全停止生长，荷叶、花、藕鞭逐渐枯死腐烂，荷花开始进入休眠期。

5. 休眠期

9 月下旬到翌年 3 月下旬，长江中下游地区当年新藕成熟后地上部逐渐枯萎死亡（图 2–14），地下部分可留在泥里越冬，此时气温较低，藕在泥中处于休眠状态，生命活动极为微弱。一般泥土不结冰即可安全越冬。北方严寒地区需要采取防冻措施以确保种藕安全越冬。

图 2–14　荷花枯萎

# 三、荷花对生长环境条件的要求

## （一）场地的选择

种植荷花时应选择通风向阳，同时又能避免大风袭扰的场地，种植场地四周不应有高大的建筑物和树木，同时还要确保交通、水源及电路等设施完备。俗话说“荷花不过桥”，这是因为桥下荫蔽，缺少光照，不利于荷花生长，所以荷花地下茎不向桥下延伸。荷花属强阳性植物，需要每天接受 7 h 以上的光照，才能促进其花蕾形成和开放。荷花最忌在荫处养护，光线不足会导致荷花生长缓慢、徒长减绿、易倒伏，甚至不能孕蕾。家庭种植时，盆栽荷花花盆一定要放在阳光充足处或向南的阳台外沿上。开花季节需要放入室内观赏的，可采取早进晚出或晚进早出的方式，保持每天一定的光照，不能过久地放置于室内，否则之后抽出的花蕾会“哑蕾”。

集中成片盆栽种植荷花时，应注意花盆间的距离。花盆间的距离对荷花生长，特别是株高和开花，有很大影响。若种植密度过大，则相互争光，植株生长过高，会造成通风透光不良，下部叶片发黄枯死，同时还易遭风折和产生病虫害，影响株型和美观。但如果花盆间距离过大，造成荷花种植占地面积增大，致使管理费时、费工，经济成本增加。笔者多年实践经验发现适宜的盆栽间距（列距 × 行距）为 25 cm × 40 cm，每 4~5 列为一单元，单元间留 60~80 cm 的操作行，便于平常浇水、观察和运输（图 3–1）。

图 3–1　荷花种植场地

## （二）荷花的栽培方式

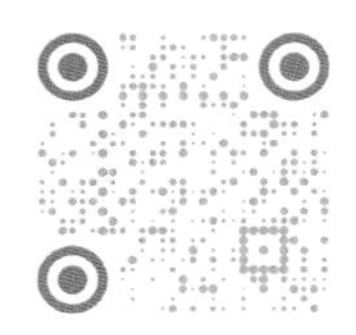
荷花的定植

1. 人工造池及自然水塘

人工造池可选用水泥混凝土或防渗土工布作为防水层（图 3–2）。根据地形开挖，深为 50~150 cm。为了防止品种混杂，底部也应浇注 7 cm 左右混凝土或铺设土工布，四周用砖块砌 30 cm 高，并两面抹灰，之后回填 20 cm 种植土，一个种植池宜只种一个品种，品种间可用砖块砌墙分割隔离。自然池塘种植水位应控制在 1 m 以内，池塘内不能养殖食草性的鱼虾（图 3–3）。

图 3–2　人工造池

图 3–3　自然水塘种植的荷花

2. 沉盆种植

可在生产场地用无孔营养钵、塑料盆等容器盆栽荷花，待荷花现蕾开花时，再根据需要连盆沉水至池（塘），该方法优点是可以灵活摆放，随意造型。沉盆种植时，生长期水位既不能浸没叶片，也不能使盆中无水，一般以水位高于盆面 10~20 cm 为宜，如果水位过深可在水下搭建平台。对于天然或人工湖泊，水位太深无法下水栽种的，可在荷花休眠期脱盆，带泥球整株沉入水中，种植密度为 2 盆 /$m^2$，种植完成后四周围网防鱼。如果利用水池直接规模化生产，可选择在低洼地开挖水池，永久性的水池可用砖石或钢筋水泥铸造，临时性水池可夯土筑高田埂，一般水池深度在 50 cm 左右。如土壤防渗性差可再铺设防渗膜，然后加水沉盆种植。种植行在 1.2 m 左右（排 3~5 行盆），留 60~80 cm 操作行，便于除草、运输等管理。

3. 盆栽种植

大型品种宜选用口径 46 cm，深 31 cm 以上的容器；中型品种宜选用口径 38 cm，深 27 cm 以上的容器；小型品种宜选用口径 20~26 cm，深 17 cm 的容器；微型品种宜选用口径 10~20 cm，深 7 cm 以上的容器。大规模生产种植时可选用塑料营养钵或塑料盆。市场上常见的素烧花盆（即泥盆、瓦盆）易渗水，所以不宜作为栽培用盆；釉盆、瓷盆、紫砂盆等不易渗水的可作为栽培用盆。但这类盆一般都留有底洞，种植前可用水泥和沙或用橡胶垫片堵塞底洞。旱地盆栽，规模化生产时可铺设防草布和喷滴灌设施，以防草和解决浇水问题。近年来，微型荷花广受市场欢迎，人们偏向于选用搪瓷碗、砂锅、毛竹筒等作为栽培器皿，以提高其观赏性（图 3–4 a）。大型荷花展览可选用景德镇瓷盆作为装饰性外盆，将规模化生产带有塑料花盆的荷花植株摆入装饰性瓷盆内（图 3–4 b）。

a. 微型荷花

b. 青花瓷缸套盆种植

图 3–4　荷花套盆种植

## （三）土壤

荷花种植宜使用富含腐殖质的塘泥或稻田土做栽培土，栽培土壤过分贫瘠、板结或黏性过大，都不利于荷花的生长发育。农村可直接选用稻田、小麦田、玉米田或蔬菜地耕作层土壤。规模化生产栽培应在上一年冬将土壤翻耕，施入农家肥，如猪粪、鸡粪或者菜籽饼、芝麻饼、豆饼等，施用量在 200 kg/ 亩左右，冬季冻垡，早春拣去土壤中的杂质、石砾等，之后将土壤入池，土层厚度为 15~20 cm，土壤酸碱度（pH 值）在 5.5~7.5 之间，海边盐碱土可适当加硫酸亚铁调剂。如盆栽，其土层一般占全盆容积的 3/5。笔者多年来使用养鱼的鲜塘泥直接种植，效果良好（图 3–5）。

## （四）水分

荷花是水生植物，在整个生育期应保证土面以上有水。当荷花在荷塘中种植时，水位要相对稳定，不能大起大落，夏天汛期荷叶被水浸没 3 天以上会造成其窒息死亡。所以，荷花种植场所应有良好的排灌系统。荷花在不同生育期对水位的要求不同:生长初期水位宜浅,通常以3~5 cm 为宜,以利于水温升高;生长中后期宜深,一般水深以 10~15 cm 为宜。巨大型和大型品种较耐深水,可种植在 100~150 cm 深的水体中;中型和大型品种宜种植在 30~50 cm 深的水体中;小型品种只能种植在 10 cm 以下的水体中;微型品种水深应更浅。荷花灌溉用的水源可选择河水、湖水、水库水等地表水,也可以用井水、泉水等地下水。

图 3–5　池塘淤泥种植荷花效果

## （五）温度

荷花是喜温植物，对温度要求较高，一般温度为 8~10 ℃时开始萌芽，14 ℃时藕鞭开始伸长。春季播种或栽培种藕时需要温度在 15 ℃以上，否则会造成幼苗生长缓慢或僵苗。长江中下游地区 4 月中旬以前温度达不到种子萌发或幼苗生长的需要，因此这个时期一般不进行露地播种或栽培种藕。荷花生长发育最适宜的温度为 22~35 ℃，通常 18~21 ℃时开始抽生立叶（图 3-6），22 ℃以上花芽分化，25 ℃以上时生长新藕。据笔者在南京地区观测，夏季 40 ℃以上时，盆栽荷花盆中水入手感觉发烫，但对荷花生长无明显影响。大多数栽培种在立秋前后气温下降时转入结藕阶段，此时可观察到土面明显上涨。种藕在泥水中可短暂忍耐 0 ℃左右的天气，冬季在长江以南地区可露地越冬，长江以北地区要根据情况采取保暖措施越冬。

图 3-6　抽生立叶

# 4

# 四、观赏荷花的繁殖方法

荷花的繁殖分为有性繁殖和无性繁殖。

## （一）有性繁殖

荷花的有性繁殖指通过成熟莲子播种种植的繁殖方式，主要用于荷花品种选育或以绿化工程为目的的种植。有性繁殖培育出来的种苗，被称为实生苗或播种苗。播种繁殖的优点是繁殖材料便于携带运输、贮存。由于荷花多为异花授粉，遗传背景复杂，有性繁殖后代性状变异率高，因此观赏荷花新品种的选育多来源于杂交后代。莲子在15~35 ℃条件下均可萌发，且气温越高，萌发越快。在南京地区露地播种一般选在5月上旬至6月底，如有保温措施可以提早播种。播种步骤包括：

### 1. 破壳处理

莲子的果皮厚且坚硬，在莲子充分成熟干缩以后，水分和空气很难透入，莲子内种子的呼吸作用非常缓慢，处于被迫休眠状态。这也是莲子可以在土壤中埋藏数百年甚至上千年而不萌发也不腐烂的重要原因之一。为了打破莲子的休眠状态，使其在播种后能吸收水分和氧气，须在催芽前进行破壳处理。

莲子最外层为果皮，由受精后的子房壁发育而来，主要成分为纤维素。在果皮中有一层由长柱形石细胞组成的栅栏组织层，对种子有很好的保护作用。果皮初为绿色，革质；老熟后转为黑褐色，逐渐变得坚硬。

果皮内包裹着种子。种子由受精后的胚珠发育而来，具有种皮、子叶及胚3部分，在受精后的早期阶段曾有胚乳，在后期被胚吸收而消失，故荷花种子为无胚乳种子。两片子叶，色白、肥厚、对生，贮藏有丰富的蛋白质及淀粉，通常人们食用的莲子正是这部分。胚由胚芽、胚根、胚轴3个部分组成：胚芽绿色，具一段短的芽轴、两片互生的幼叶及一个顶芽，两片幼叶的叶柄及对折卷筒状的叶片雏形可辨认；胚芽基部与两片子叶连接处为胚轴；在两子叶基部凹陷处胚轴的末端为胚根，胚根极不明显，肉眼几乎不可见，但在种子萌发时，胚根可突破种皮及坚硬的果皮，发育成初生根。

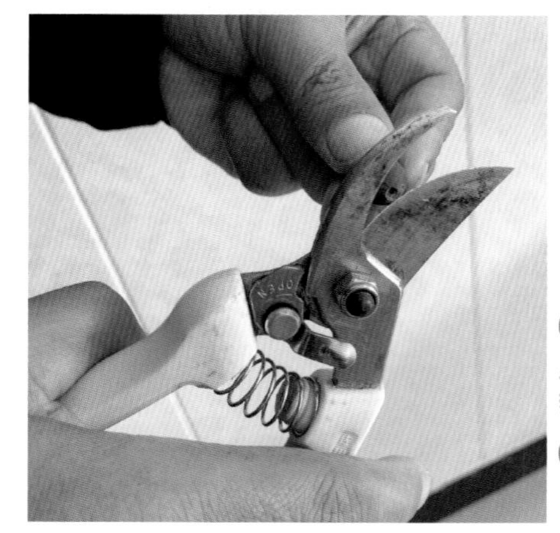

图 4-1　莲子开口示意图

莲子开口

莲子是倒生胚珠，胚芽着生于种子的顶端，破壳时应在种子基端破口，即莲子凹入的一端。破壳最简便易行的方法是在水泥地上、粗糙的石头上或者砂纸上磨，一般只要磨破果皮（即莲子的硬壳），见到褐色种皮即可。也可以用咬口锋利的老虎钳夹破或反握枝剪剪去凹入的一端，夹壳或剪壳只需沿基部剪下 2~3 mm 裂口即可（图 4–1），切勿夹去太深，以免伤胚。破壳后浸种 1 d，待胚吸水膨胀，果皮吸水变软时，可用手沿着破壳处剥去果皮的 1/3，使胚外露，有利于胚芽伸长。应注意破壳部位不能过大过多，如果把莲子的硬壳全部去掉，胚芽失去保护极易腐烂死亡。

2. 浸种催芽

已破壳的种子需浸没于干净的水中催芽，水温宜保持在 20~40 ℃。水温高于 40 ℃时，种子虽在第一天萌发迅速，但以后生长受到抑制；温度低于 20 ℃时，种子发芽生长过于缓慢；水温在 30 ℃的条件下，一般浸种催芽 3 d 即可萌发，胚芽从破口处伸出。在此期间，每天需要换水 1~3 次，并及时剔除不能发芽的种子。一般情况下，超过 7 d 仍不发芽的种子为不能萌发的种子。不能萌发的种子往往上浮水面，胚芽发黄，子叶易腐烂发臭。如果是 5 月中旬至 6 月底气温较高时播种，莲子破壳后可用自来水直接浸泡，放入阳光下暴晒促进发芽。

a. 浸种第一天

b. 浸种一天后

c. 浸种三天后

d. 浸种六天后

图 4–2　浸种催芽

3. 水培育苗

种子萌发后应在 25 ℃左右条件下继续水培育苗 5~7 d。在此期间，荷花苗根系没有形成，主要靠种胚提供养分，一般不需要施肥。水培育苗过程中应保持水深 3~8 cm，单个容器中水培的种苗不宜过多。水培苗应给予充足的光照，早晚各换水一次。在室外水培育苗时还应防止老鼠和鸟偷食水培的种子。

4. 定植

经过 5~7 d 的水培，莲子芽长到 6~8 cm，第二片叶尚未完全展开，白色不定根开始生长时，可以进行定植。定植不宜过迟，否则幼嫩叶柄之间相互缠绕，很难分开，极易折断。定植前，先将土壤装入盆中，施入基肥，加清水将土肥搅拌均匀。规模化种植数量较大时可用电动搅拌棒搅拌。在泥水澄清 1 d 后，将水培幼苗定植在盆的中央，种植深度以种子全部入泥为宜，使叶片自由舒展于水面。定植时应注意不可折断叶柄，以免影响荷花后续生长。定植后保持 3~5 cm 水深，注意不可把叶片浸没水里。之后要注意观察，若发现浮起的种苗则要重新栽种，不能让种子浮起来。荷花喜光，盆栽苗应放置在阳光充足处，如遇阳光日灼，幼苗有焦枯现象，一般不影响成活。期间浇水不宜过多，浅水层有利于提高水温，促进生长。一般前 5 片左右叶片为浮叶，后出现立叶，立叶出现后花蕾会逐渐抽生。抽蕾早晚与品种有关。笔者近年观测发现，也有部分品种没有立叶时就抽花蕾（图 4-3）。

图 4-3　无立叶抽蕾荷花

## （二）无性繁殖

无性繁殖又称营养繁殖。荷花的无性繁殖有两种方式：

1. 分藕繁殖

是指从上年栽培的荷花上取主藕或儿藕，甚至孙藕栽植。由于有性繁殖是利用种子播种，其实生后代会出现性状分离现象，不能保持品种特性，所以生产上普遍使用分藕繁殖的方式。在长江流域，清明前后是翻盆分藕分栽的最佳季节。过早分栽，因气温低，种藕容易受冻害或者出现僵苗；过迟分栽，苫芽已经萌发，操作时易碰断，影响成活率。观赏荷花种藕较细，掰取种藕时，应注意保留 1~2 节藕身，并保留尾节，防止水进入藕体，引起种藕腐烂。

翻盆前应检查一下盆内泥层湿度是否适宜。若泥土太稀，顶芽落地容易碰断；泥土太干，则取新藕困难，容易弄断顶芽。翻盆取藕时将盆反扣，为避免损坏花盆，可在落地的盆边垫上稻草，然后小心地沿着藕鞭转圈生长的方向，从外层至内层分解种藕，整个过程要注意保护顶芽。栽植时种藕顶端沿盆边呈 20° 斜栽入泥，即头低尾高。顶芽向上埋入泥中，尾部半截藕身翘起，避免藕尾进水（图 4–4）。

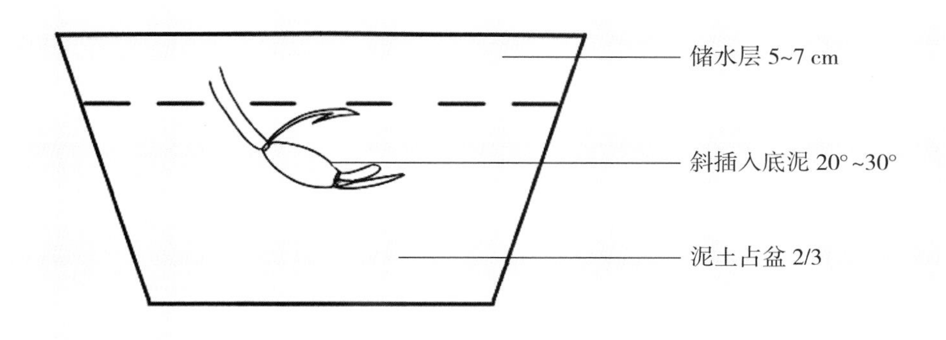


图 4–4　藏头露尾种藕示意图

在生长初期，种藕的顶芽不断生长，向前延伸，分化形成新的器官，比如芽、叶、根等。顶芽完整、不失水、不腐烂、不发黑是选择种藕的首要条件，其次是选择种藕的大小和粗细（图 4–5）。没有顶芽的藕身不适宜用作种藕。种藕定植后把盆放置在阳光下暴晒，使表面泥土出现微裂，呈鸡爪痕状，这样利于种藕与泥土完全黏合，然后加少量水。栽种过程中应随时巡视观察，发现漂浮的种藕及时摁入泥中，不让其浮起。等芽长出后逐渐加深水位，最后保持 5~10 cm 水层。定植初期主要靠藕身为荷花生长发芽提供养分。

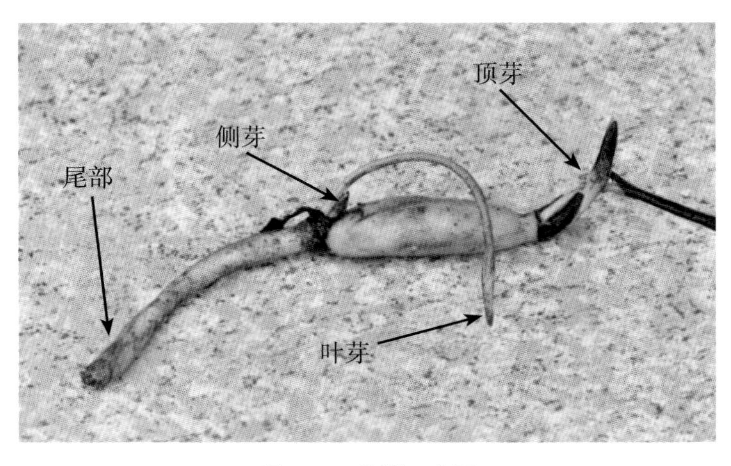


图 4–5　种藕示意图

分离出的种藕如果当天栽不完，可采取以下 3 种措施保存：一是置于盛水的缸中，浸没顶芽部分，如此“假植”半个月左右仍然可以定植；也可用渔网悬于水中，将种藕浸于网中。二是选择避寒、避风、荫蔽处，铺设一层稻草，并洒上水，放置种藕后，再盖上一层稻草，并保持其湿润。三是种藕放置在保温的泡沫箱里，存入 5~8 ℃的冷库中。外地引种，藕身污泥不必洗干净，可垫上水草，洒上水，分层装篓，一般保存 10 d 左右仍可成活；也可以用七层瓦楞纸箱，内层放上薄膜，分层装实，放置阴暗通风处。

2. 藕鞭繁殖（生长期地下茎分生繁殖）

藕鞭繁殖具有省时省力、易成活、长势强等优点。如果分生时间恰当，能够延续花期，起到调控花期作用。藕鞭繁殖属于营养繁殖，能够保持母本的优良性状，并可成倍地提高繁殖系数，缩短繁殖周期，是荷花商品化生产的一种方式。南京地区可选择当年播种或分栽的生长茁壮、无病虫害、分枝力强的植株做母株，在 6 月中下旬，荷花长出 5~7 片立叶时进行藕鞭繁殖。此时地下茎沿盆壁转圈生长，茎节上同时生出侧枝走茎，侧枝走茎上又长出浮叶和立叶。一般选择侧枝上刚长出水面 5 cm 左右，还没展开的立叶（呈纵卷状），用手沿盆壁轻轻起出走茎（最好带有 2 节以上地下茎），即可看到侧枝节上长满了白色不定根，并带有 1 个以上顶芽。用小刀切断侧枝走茎，注意不要碰断顶芽，即可得到一个可用于繁殖的植株个体。最后将母株地下走茎按照原先走向轻轻按入泥中，壅泥填平。分生繁殖要把握好切割走茎的时机：过早切割往往侧枝尚小，容易误切地下主茎，影响到母株的正常生长，导致开花结藕减少；过迟切割，盆内走茎盘根错节，不但给操作带来不便，而且植株生长活力下降，分生后不易成活或长势不旺，不能正常开花结藕。分生植株需带 2~3 节藕鞭和 2 片立叶，其中前端一片立叶未展开。将富含腐殖质的泥土装入盆中，加水搅拌成糊状沉淀。待澄清后，将分生植株栽于花盆中央。分生繁殖的植株顶芽一定要埋入泥下，保持水层 3 cm，放置于荫蔽处 5 d 左右。本阶段小植株能依靠不定根吸收养分，原来未展开的小立叶就会展开，浮于水面，颇像浮叶。5 d 后，可视生长情况逐步移至阳光下，正常管理，不久便会长出新的浮叶和立叶，当年可以再次开花。

5

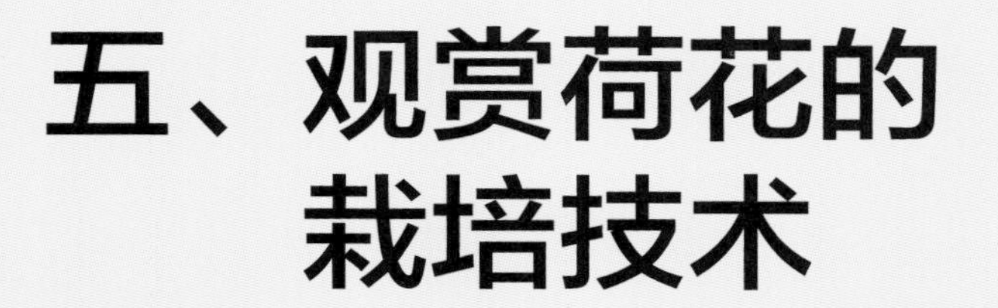

# 五、观赏荷花的栽培技术

## （一）观赏荷花的日常管理

### 1. 水分管理

众所周知，荷花是水生花卉，生长期内时刻都离不开水。同时，荷花靠叶上气孔进行呼吸作用，如果叶片长期被淹，气孔堵塞，荷花会因窒息而死亡。所以荷花初栽期水位十分重要，如果是盆栽，应将搅拌好的呈糊状的稀泥，沉淀一天后再种植。水深泥稀不利于藕身的固定，种藕容易漂浮在水面。另外，水层过深不利于温度升高，影响发芽生根，不利于荷花的初期生长。如果是大田种植应保持在 10 cm 左右的浅水位。栽种完毕后，盆栽荷花短期内不用再加水，第一次待自然干涸呈鸡爪状后再加水，浅水层升温快，有利于荷花的生根发芽。同时，干涸呈鸡爪状有利于泥土将种藕充分包裹，浇水后不易漂浮。

随着浮叶的生长，立叶出现后，可逐渐加深水层甚至加满。夏天是荷花生长的旺盛期，由于盆中贮水量有限，且蒸发量大，每天早晚要注意巡视，及时补水。浇水应沿着盆壁慢慢淋下，切不可直接对着刚萌发的花、叶直接浇下，以免损伤植株。炎热的夏天，即使是雨天也应注意检查盆里是否缺水，因为立叶形如雨伞，雨水多被截留，不能淋入盆内。荷花缺水后，叶片边缘会先开始干枯，如果发现及时，加水缓解即可恢复活力，但影响后续长势。秋凉以后再逐渐降低水层，保持出土水深 3 cm 左右，利于结藕和休眠。入冬以后，荷花盆内既需要保持土壤湿润，防止种藕失水干枯，又要防止水多结冰，冻裂花盆。

家庭种植的荷花可以直接用自来水浇灌；大规模生产种植的则可选用流动的塘水、河水。无论用哪种水，都必须保证水源清洁，不能使用水质差的或含有化工物质的工业污水、生活污水，以免影响荷花生长，甚至引起死亡。为了澄清水质，也可以在盆土上放置薄薄的细沙、陶粒或者雨花石。

### 2. 肥料管理

肥料可以为荷花的生长提供养分，通常包含有机肥料、无机肥料和生物肥料。有机肥料主要来源于植物和动物，包括经过腐熟发酵处理的家禽家畜粪便、植物残体等。任何有机肥料，都必须腐熟发酵后才能使用，因为发酵过程产生高温，能杀死杂菌，肥料也能充分分解，有利于根系吸收，未腐熟的“生肥”施入盆中，产生的高温容易烧苗。无机肥料是由物理或化学工业方法制成的，无机盐形式的肥料，包括单一型的肥料和复合肥料。无机肥具有养分含量高、肥效快、便于贮运和施用的特点。有机肥料和无机肥料是荷花肥料管理的主要用肥。

家庭养花肥源很多。把变质的黄豆、花生米，以及菜籽饼、豆饼、菜油下脚料等，加水浸泡，加盖密封后让其发酵腐烂，最后形成液体就是以氮肥为主的肥料，其中磷、钾的含量也比较高。

把鱼内脏，鸡鸭鹅禽类粪便、羽毛，动物骨头，以及猪、牛蹄壳、蛋壳，倒入坛中加水密封，腐烂发酵，是很好的磷肥。草木灰中含有丰富的钾肥。

种植时，直径 40 cm 左右的盆，基肥可用上述肥水 40 g（干肥减半）拌入栽培土中，一般可满足荷花整个生长期的需要。荷花生长过程中，需要多种营养元素，其中以氮（N）、磷（P）、钾（K）为主。氮肥可使植物生长发育茂盛，枝叶浓绿。但过量使用氮肥，会使叶茂花稀或不见花。磷肥可促进植物生根、开花、结果和种子成熟。钾肥可促使植株根和茎发育强壮，机械组织发达，花梗粗壮，增强对花朵的支撑力。荷花生长用肥应以磷肥、钾肥为主，氮肥为辅。在荷花生长过程中，如发现叶片小、质薄、色黄、瘦弱，则可追施氮肥。每盆施尿素 2 g 或 10~20 粒，7 d 见效。如叶片多、色绿、质厚、生长过旺，则应追施磷肥、钾肥。也可以视生长情况，每隔 10 d 尿素→复合肥→磷酸二氢钾交替施用。

荷花生长出现立叶之前，除施基肥外一般不追肥。出现立叶之后，根据生产情况酌情追肥。追肥应掌握"少量多次、宁淡勿浓"和"轻施苗肥、重施蕾花肥、看苗追施后劲肥"的原则，切不可"喂肥助长"，防止因施肥过量而引起肥害。如果发现盆内水变绿发黑，而且有臭味，荷叶皱而不展，则表明出现了肥害。出现肥害后，应立即倒掉盆里的水，并不断加清水缓解；危害严重的，应将种藕取出，抖去原来宿土，换土重新种植。

施肥时应将肥料放入盆中央，这样可以不伤荷花的根系。追肥时千万要谨慎，切勿沾染叶片、花蕾，以免肥料腐蚀叶片和花朵。

#### 3. 浮叶和残花处理

盆栽荷花浮叶和残花的处理十分重要，其目的是通风透光，促进生长和孕蕾。生产期间要合理调整叶片数量，使左右前后分布均匀，高矮层次得当，多余的浮叶应及时剪除。剪除时应注意将叶柄放置水面外，以免水沿着叶柄气孔灌入。剪除叶片的叶柄会自然枯死至基部。待小立叶伸出水面后，除选留部分浮叶外，可将其他浮叶逐步剪除。大立叶挺出水面后，影响观赏的部分小立叶也可剪除。大立叶一般都有花蕾伴生，应加以保护。若生长初期初生花蕾过小过弱，可摘除，以利养分积累。对于重台型、重瓣型不易结实的品种或者不需要结实的可及时清理残花，避免养分消耗，有利于花期延长。摘蕾和剪除残花时也应使花梗高于水面，避免水倒灌导致荷花死亡。

## （二）观赏荷花的花期调控技术

荷花的自然花期一般在 6—9 月。花期的早晚除与品种有关外，还与光照、温度和湿度有密切的关系。据笔者多年观察，荷花从发芽到第一朵花蕾形成，需积温 1 500 ℃，光照度为 4.5 万 ~6 万 lx 。荷花的生育期为 150 d 左右，具体生育过程为：3 月底播种或栽藕，4 月上旬萌发钱叶，4 月中下旬出现浮叶，5 月中旬立叶挺水，6 月上旬始花，7 月中下旬地下茎膨大成藕，

8月下旬叶片开始逐步变黄。在月平均气温20~25 ℃，光照10 h左右的条件下，荷花从种植到开花，一般需75 d左右。一般来说，气温在35 ℃以下时，温度越高、光照时间越长，从栽植到开花的时间越短，反之则越长。在7月下旬二次翻盆种植的新藕，有的45 d即可现蕾。根据荷花生育时间及所需光照等条件，采取行之有效的措施，可有效调控荷花开花的时间。

在实际荷花培育、生产过程中，为延长群体花期或满足杂交育种的需要，可采取改变播种、栽植时间，调整光照时长，控制温度升降等措施进行小范围花期调整。提前播种或栽植时，需在有暖气设备或其他加温设施的室内进行，使幼苗在适宜的温度中生长。若要进行大幅度的花期调整，则需要专门的设备和设施，多在大规模生产的情况下采用。

1. 提前开花

荷花提前开花的调控须在设施中进行，温度控制在22~32 ℃。例如，需要5月1日前后开花的荷花，栽种期应安排在1月下旬；需要春节前后开花的荷花，栽种期应安排在上年的11月中旬。在温室很大，而荷花数量又不多的情况下，可在温室内搭设一个塑料棚，棚高控制在2 m左右，面积视荷花数量而定。棚内可用火炉、电热丝加温，创造一个易于人工调节的小气候环境。栽种时，白天棚内温度控制在30 ℃左右，昼夜温差保持在8~10 ℃，空气相对湿度75%~90%，每天保证有10 h的光照。这样能迅速打破种藕的休眠，一般3~4 d即开始萌发。荷花进入生长期后，棚内温度应适当降低，一般控制在24~26 ℃。在自然光照时间短的季节或光照弱的连阴雨天气，温室内要增加人工光源，一般可用日光灯或高压汞灯、钠灯、碘灯。高压类灯的补光效果优于日光灯。增加人工光源时，要注意不同角度与不同层次，尽量使荷花受光均匀。若温室中的条件不能完全达到预定的要求，应适当提前种植，延长荷花的生长期，这样才能达到使荷花提前开花的目的。2010年上海世界博览会，为了使中国馆中的荷花在“五一”开幕时盛放，上海鲜花港、南京农业大学与南京艺莲苑花卉有限公司密切合作，开展了大规模的荷花花期控制项目。展会中所用荷花于当年元月初进温室，在3月8日出现第一个花蕾，在4月7日普遍现蕾，于4月18日绽放，后又通过一系列花期调控技术处理，使荷花在中国馆绽放184 d，受到国内外花友的广泛好评。2021年上海崇明岛举办第十届中国花卉博览会，为了在5月21日开幕式上欣赏到传统名花荷花，上海光明集团、上海花卉集团、上海种业集团与南京艺莲苑花卉有限公司合作，利用智能温室，成功将代表全国34个省级行政区的荷花新品种共计25 000盆荷花控制在5月中旬如期绽放（图5-1）。

2. 延迟开花

在长江中下游地区，要想将花期推迟至10月1日前后，有3种方法：一是将开花早、开花多、新藕形成早的品种，如‘杏脸桃腮’‘琴童’‘瑶池火苗’‘霞光焕彩’等，于当年7月下旬翻盆栽新藕；二是早春将种藕放入3~5 ℃的冷库中，延长种藕的休眠期，到7月初取出栽植；三是将小口径盆中已快休眠的盆花，脱盆倒入配有1/3新土的大口径盆中，剪除残花枯叶，留一小部分青叶。由于栽植后温度较高、光照充足，采用以上3种方法后，初期可采取露地培养。到后期，特别是现蕾前后如果温度降得过低，应移入温室中继续增温补光。荷花必须在日均温22~30 ℃，每天光照7~8 h的环境中，才能正常开花，否则极易形成见蕾不见花的“哑花”现象，达不到花期调控的目的。

图5-1　温室调控荷花开花时间

应该注意的是:要调控荷花的花期,首先需要充分了解具体品种在正常气温、光照条件下,从萌发到现蕾至开花所需的时间,作为参考。不同品种的荷花花期有所不同,想要成功地调控其花期需要大量的实践摸索。

## (三)观赏荷花的无土栽培

无土栽培是利用无菌水、炉渣、砂石、陶粒等代替土壤作为植物生长的基质,用无机营养液作为植物生长的营养来源的植物栽培技术,具有操作简便、容易掌握、没有繁重的体力劳动等优点。由于无土栽培不用土壤,可以避免依靠土壤传播的病虫害的产生;且追施的植物营养液,干净无味,不易滋生蚊蝇。用这种方法培养的荷花,叶色浓绿,花多且大,色泽艳丽,花期长。所以这种栽培方式,最受家庭养花爱好者的欢迎。

无土栽培荷花的容器,最好选用圆形玻璃缸,并用不透明黑纸或黑布将外层包裹。这是因为光照会使荷花地下走茎变绿,影响开花,且阳光下容易滋生各种藻类。除圆形玻璃缸外,也可选用釉盆、瓷盆、紫砂盆等。栽培品种应选用易开花、丰花的新品种。

无土栽培的基质可选用干净的粗砂或雨花石等,其主要作用是固定种藕。栽植时先将种藕横放在缸内粗砂表层,然后再放置部分粗砂将藕身压住。但应注意,一定要把藕尾上翘,呈“藏头露尾”状。最后再缓缓灌入清水。

种藕靠自身的营养可以萌发苫芽,生长地下走茎,并陆续长出钱叶、浮叶和立叶,有的易花品种还会抽生花蕾。但种藕的养分有限,光用清水培养远不能满足荷花生长的需要,应每周一次,及时浇灌含氮、磷、钾、钙、镁、锌等元素的营养液。无土栽培的营养液,可选用专用型植物营养素,也可用盆花通用的复合肥片配制,每周每盆投放 1~2 片,还可用三元复合肥,每半月一次,每次 3~5 粒,效果均佳。秋后保藕,可在花凋叶黄时,移入盆泥中越冬。

## (四)观赏荷花的矮化栽培

矮化栽培是利于各种措施促进作物矮化的栽培手段,常用的方法有施用植物生长调节剂等。多效唑,属三唑类化合物,是一种植物生长抑制剂,对多种作物具有明显的抑制纵向生长、促进横向生长的作用。笔者曾在 1990 年 5 月 24 日用 1 g 多效唑拌入 300 g 的土中,进行试验,试验中选取了叶片较小而植株较高的‘厦门碗莲’‘桌上莲’‘娇容碗莲’3 个品种,每盆(口径 26 cm,深 15 cm)分别投放 5 g、10 g、15 g 的上述拌土。试验结果表明:施用多效唑有明显的矮化作用,并推迟荷花花期(7 d 左右),但对几个试验品种的花形、花色和叶片直径没有影响。其中施 15 g 拌土会产生药害,表现为叶片收缩变形和花梗很矮;施 10 g 拌土对‘厦门碗莲’没有药害,而对‘桌上莲’‘娇容碗莲’有轻度药害;施 5 g 拌土对上述品种均无药害,其效果为:‘厦门碗莲’立叶平均高度 31 cm，‘桌上莲’22 cm，‘娇容碗莲’24 cm，与没有施用多效唑的（平均立叶高度分别为 60 cm、47 cm、62 cm）相比较有明显的矮化作用，至 1990 年 7 月 8 日 3 个品种抽生花蕾数目分别为 5 支、3 支、2 支。由此可见，施用多效唑的浓度要因品种而异，否则易发生药害。施用多效唑应在立叶刚刚抽生时，过早则影响地下走茎的伸长，使其几乎成簇生，过迟则失去矮化效果。

## （五）安全越冬

盆栽荷花因盆小泥薄，新藕娇嫩，经不住严寒。据试验统计，冬季土壤温度降到 0 ℃以下时种藕即会受冻，所以必须及时采取防寒措施，荷花种藕才能安全越冬。

长江以南地区的荷花一般可露地越冬，冬季极寒冷的年份可采取以下方法防寒：一是泥土地放置，而不是水泥地。二是开挖槽沟，荷花盆放置于地槽中。三是荷花盆上加盖薄膜、稻草等。据笔者经验，南昌以南地区，采用第一种方法即可安全越冬；在南京与南昌之间地区，可采用第二种或第三种方法越冬。家庭少量栽培的，可将荷花盆移入室内越冬。

长江以北地区可采取以下防寒措施：一是搭弓架，在弓架上盖薄膜，寒冷地区可将小弓棚搭在大棚或日光温室内。二是取出种藕（注意保持环形地下茎完整），挂好品种标牌，集中放置在室内水缸中，上盖木板加石块，使种藕浸沉水底或埋存在湿砂中。三是沉入 1 m 以上深水中越冬。

无论采取哪种方法越冬，都要使盆内保持一定的水层深度，这一点十分重要，否则荷花种藕容易因冬季失水而烂藕。所以在越冬期间要注意经常检查，发现盆内缺水要及时加水。另外，还要注意防止鼠害。

## （六）病虫草害防治

### 1. 病害

**（1）腐败病**

腐败病俗称“藕瘟”“莲瘟”，是危害荷花的主要病害。该病主要危害地下茎，使之变褐腐烂，并引起地上部叶柄枯萎。地下茎受害后，初期症状不明显，剖视病茎，近中心处的维管束呈淡褐色至褐色。严重时，地下茎呈褐色至紫黑色。地下茎受害后，会使荷花养分输导受阻，叶片变褐、干枯、似火烧状。挖检病株地下茎，可见藕节上生蛛丝状菌丝体和粉红色黏质物，即病菌的分生孢子团。有的病藕，表面可产生水渍状、暗褐色纵条斑。

该病由多种病原菌引起，其中主要的是真菌类病原菌——莲尖镰孢菌，其次是串珠镰孢菌、腐皮镰孢菌和接骨木镰孢菌等。周毛杆菌也能破坏根茎的输导组织，使之变褐、腐烂并发出臭味，同时还会侵害花和叶，常使叶脐或叶边缘腐烂，最后殃及全株。另外，土壤酸性过重、还原性有毒物质含量过高等，也会导致荷花出现老根变黑，很少或不发新根，叶片增厚、皱缩、变小，叶片表皮凹凸不平，老叶枯黄死亡，不抽生新叶等症状。

腐败病的病原菌以厚垣孢子的形态在土壤中越冬，带病种藕是最主要的初次侵染源，由此长出的幼苗为中心病株。中心病株上产生的孢子，随水流传播，从寄主根伤口或生长点侵入其他植株。腐败病从5—6月生长旺盛期至8月底叶黄期均可发生，以7—8月为盛发期，发病温度在20~30 ℃。腐败病的发生和消长与品种、气温、土壤及连作、栽培、灌溉等因素有关。腐败病在连作地发病重；根系深的品种比根系浅的品种发病重；水层浅、水温高，阴雨多，日照不足，或暴风雨频繁的发病重。另外，土壤透气性差，或偏施速效氮肥和过磷酸钙等，均易引起发病。

防治方法：一是实行轮作，盆栽荷花每年更换新的栽培土。大田栽培冬季浅水期可每亩用生石灰80~100 kg改良土壤。二是使用无病种藕，栽种前可对种藕进行消毒。种藕可用50%多菌灵或甲基托布津（甲基硫菌灵）800倍液，加75%百菌清可湿性粉剂800倍液，喷雾后用塑料薄膜覆盖，密封闷种24 h，晾干后栽种。三是合理施肥。基肥以充分腐熟的有机肥为主。生长期间，注意氮、磷、钾的合理配合施用，使植株健壮生长，提高抗病能力，切勿偏施氮肥。四是采藕时彻底清除病残组织，集中烧毁；荷花生长期间，发现中心病株后及时挖除病株。五是药剂防治。发病期用50%多菌灵可湿性粉剂600倍液加75%百菌清600倍液喷洒叶面和叶柄；或用40%多硫悬浮剂（又叫灭病威，是多菌灵和硫黄混合成的广谱、低毒杀菌剂）400倍液；或用50%速克灵1 000倍液，或用70%甲基托布津800~1 000倍液，或用70%甲基硫菌灵可湿性粉剂800倍液，喷洒叶面和叶柄。对于面积较大的种植区域，每亩用99%恶霉灵可湿性粉剂500 g或者10%双效灵乳油200~300 g，拌细土25~30 kg，堆闷3~4 h后撒施发病种植区域。

**（2）叶枯病**

叶枯病由病菌引起，主要危害荷花叶片。发病初期，叶缘可见淡黄色病斑，然后逐渐向叶片中间扩展，病斑由黄色变成黄褐色，最后从叶肉扩及叶脉，病斑呈深褐色，全叶枯死，形似火烧，俗称“发火”。

该病菌可在荷花地下茎的病残体内越冬。5月底到6月初开始发病，7—8月最严重，9月以后减轻。高温多雨，肥力不足，管理粗放时病害更严重。

防治方法：一是及时清除病残组织，剪除病叶，消灭病源。二是适当控制栽植密度，多施有机肥料，增施磷肥、钾肥，提高荷花的抗病能力。三是发病初期用50%甲基托布津可湿性粉剂1 000倍液喷杀。

**（3）褐斑病**

褐斑病由半知菌类棒囊孢属的病原菌引起，主要危害荷花叶片，叶柄上也可发生。病斑初期为绿褐色小斑点，扩大后呈多角形或近圆形的褐色病斑。病斑外层有黄褐色晕圈，中央为白色。

该病菌在枯死的荷花叶片和叶柄上越冬。次年5—6月开始发生，7—8月温度达20~30 ℃

时，迅速蔓延。阴雨天、空气相对湿度大时危害更重。

褐斑病的防治方法同叶枯病。

**（4）生理性病害**

荷花的生理性病害多发于5月中旬至7月中旬，随着气温的升高，病情也随之加重。其症状表现为浮叶边缘叶脉处失绿变白或变黄，叶片上出现褐色斑点，之后随气温升高，立叶亦出现干枯，浮叶死亡，最终导致整个植株死亡。

出现生理性病害的植株，应及早从盆中取出，去掉盆中和附在地下茎上的宿土，换上新鲜的泥土，重新种植，并用干净的河水或晒过的自来水浇灌，一般可以重新发芽、发叶。

2. 虫害

**（1）黄刺蛾**

黄刺蛾幼虫身体上生有枝刺和毒毛，形似刺猬，会刺激人的皮肤发痒发痛、红肿，故又称“痒辣子”。幼虫危害荷花叶片，初孵幼虫蚕食叶肉，长大后可危害整个叶片，受害叶呈不规则的缺刻状，虫害严重时仅残留叶柄。

防治方法：刺蛾幼龄幼虫对药剂敏感，一般触杀剂均可杀灭。宜选在幼虫2~3龄阶段用药，常用的药剂有90%晶体敌百虫1 000倍液，或25%灭幼脲悬浮剂2 000~2 500倍液，或50%杀螟硫磷乳油1 000~1 500倍液。

**（2）金龟子**

金龟子以老熟幼虫在土中越冬，次年5月化蛹，成虫始见于5月底，6—7月危害严重。金龟子白天潜伏于草丛、土壤表面，黄昏时大量成虫从土中飞出，啃食叶片，致叶片残缺不全，严重时，仅留下叶脉和叶柄。

防治方法：一是人工捕杀或灯光诱杀。二是50%辛硫磷乳油800倍液浸泡种藕，待种藕表面晾干后再栽植，持效期为20余天。三是90%晶体敌百虫800倍液喷雾，或用25%甲萘威可湿性粉剂800倍液喷杀，或用50%辛硫磷乳油800倍液喷杀。

**（3）莲纹夜蛾**

莲纹夜蛾属鳞翅目，夜蛾科，又叫斜纹夜蛾、黑宝。幼虫食性极杂，它能吃的植物达99科、290种之多，其中喜食的达90种以上，是莲叶上常年普遍发生而且危害最重的害虫。成虫长14~20 mm，头、胸、腹均为暗褐色，胸背部有白色丛毛；前翅灰褐色，斑纹复杂，由前缘向后缘外方有3条白色斜线，故名斜纹夜蛾；后翅白色，无斑纹。老熟幼虫长35~47 mm，头黑褐色，体色因寄主和虫口密度不同而呈土黄、青黄、灰褐或暗绿色，背线、亚背线及气门下线均为灰黄色及橙黄色。莲纹夜蛾一年发生4~9代，世代重叠，以蛹或幼虫在土中越冬。4—11月均有发生，幼虫白天静伏，早晚取食，主要咬食叶片，有时也咬食花和果实。

长江流域7—8月危害严重，黄河流域8—9月危害严重。成虫夜间活动，飞翔力强，一次可飞数十米远，具趋光性，对糖醋酒液及发酵的胡萝卜、麦芽、豆饼、牛粪等有趋化性。

防治方法：一是用黑光灯或糖醋等酸甜物（红糖 2 份，酒 1 份，醋 1 份，阿维菌素 1 份，水 1 份）盛于盆中，诱杀成虫。二是成虫常产卵于荷叶背面，成虫产卵盛期和幼虫初孵期及时摘除带卵叶片。三是药剂防治。虫瘟一号斜纹夜蛾病毒杀虫剂 1 000 倍液，或用 1.8% 阿维菌素乳油 2 000 倍液，或用 5% 氟啶脲乳油 2 000 倍液，或用 10% 吡虫啉可湿性粉剂 1 500 倍液，或用 18% 施必得乳油 1 000 倍液，或用 20% 虫酰肼悬浮剂 2 000 倍液，或用 52.25% 农地乐乳油 1 000 倍液，或用 25% 多杀菌素悬浮剂 1 500 倍液，或用 10% 虫螨腈悬浮剂 1 500 倍液，或用 20% 氰戊菊酯乳油 1 500 倍液，或用 4.5% 高效氯氰菊酯乳油 1 000 倍液，或用 2.5% 溴氰菊酯乳油 1 000 倍液，或用 5% 氟氯氰菊酯乳油 1 000~1 500 倍液，或用 20% 甲氰菊酯乳油 3 000 倍液，或用 20% 菊马乳油 2 000 倍液，或用 5%S– 氰戊菊酯乳油 2 000 倍液，或用 48% 毒死蜱乳油 1 000 倍液，或用 10% 联苯菊酯乳油 1 000~1 500 倍液，或用 90% 灭多威可湿性粉剂 3 000~4 000 倍液，或用 0.8% 易福乳油 2 000 倍液，或用 15% 茚虫威悬浮剂 4 000 倍液，或用 15% 菜虫净乳油 1 500 倍液，或用 44% 速凯乳油 1 000~1 500 倍液，或用 2.5% 高效氟氯氰菊酯乳油 2 000 倍液，或用 24% 灭多威水剂 1 000 倍液喷洒。喷药时在药中加入 1% 洗衣粉，可增加黏着性。另外，因 4 龄后幼虫有夜出活动习性，施药应在傍晚前后进行，每隔 10 d 喷 1 次，共喷 2~3 次。

**（4）莲缢管蚜**

莲缢管蚜俗称腻虫、天蜓，个体小，但繁殖快。成虫常成群密集于叶背和花蕾柄上，吸食汁液。被害叶抱卷，不能顺利展开，花蕾凋萎，造成僵花。

防治方法：莲缢管蚜主要发生在 5—7 月，应及时防治，可选用 40% 克蚜星乳油 800 倍液，或用 35% 卵虫净乳油 1 500 倍液，或用 20% 丁硫克百威乳油 800 倍液，或用 2.5% 溴氰菊酯乳油 2 000 倍液，或用 20% 氰戊菊酯乳油 2 000~3 000 倍液，或用 50% 抗蚜威可湿性粉剂 2 000~3 000 倍液，或用 10% 吡虫啉可湿性粉剂 1 500 倍液，或用 3% 啶虫脒乳油 1 500~2 000 倍液，或用 80% 杀螟硫磷乳剂 2 000 倍液喷施；或用洗衣粉、尿素、水按 1 ∶ 4 ∶ 400 的比例制成洗尿合剂，进行叶背喷洒。喷药后隔 5~7 d 再喷 1 次。

**（5）蓟马**

蓟马成虫体小，长 1.0~1.2 mm，淡黄色，翅狭长，透明，翅缘布满缨毛。若虫形态与成虫相似。成虫以口针刺吸叶片及花的汁液，形成银白色小斑点，严重时可造成荷花叶片卷缩，花枯萎，僵花僵蕾增加。一年发生多代，春季先在杂草上危害并繁殖，再逐渐迁移危害碗莲。6—7 月天气干旱时，危害严重。

防治方法：可选用吡虫啉、啶虫脒、呋虫胺、乙基多杀菌素、阿维菌素、甲维盐、联苯菊酯等；也可用 35% 伏杀硫磷乳油 1 500 倍液，或用 44% 速凯乳油 1 000 倍液，或用 10% 虫螨腈乳油 2 000 倍液，或用 1.8% 爱比菌素 4 000 倍液，或用 35% 硫丹乳油 2 000 倍液。此外，可选用 2.5% 高效氟氯氰菊酯乳油 2 000~2 500 倍液，或用 44% 多虫清乳油 30 ml 兑水 60 kg 喷雾。

**（6）藕蛆**

藕蛆又叫水蛆、地蛆、莲根虫、稻根金花虫。成虫为纺锤形褐色甲虫；幼虫纺锤形，乳白色，全体被褐色细毛。5—9月均可发生，一般在春天种藕出芽后，幼嫩的茎叶最易受害，也可危害地下走茎和藕。

防治方法：一是栽藕前，每盆中撒施少许生石灰，有预防作用。二是栽植种藕前结合整地，每亩用60%辛硫磷颗粒剂3 kg拌细土25~30 kg，或用48%毒死蜱乳油150 ml加水1 L喷拌30 kg干细土制成药物土，于傍晚均匀撒施到放净水的荷池中，并随即耕翻，使农药混入土壤中。三是成虫期可用90%的敌百虫晶体或者50%杀螟硫磷乳油防治。

**（7）蓑蛾**

蓑蛾幼虫吐丝作囊，身居其中，外面缀以碎叶、草棍、细枝等，形如蓑衣口袋，也叫作“口袋虫”；又因其行动时露出头和胸足，负囊前进，又称“避债蛾”；也有地方称其为“吊死鬼”。蓑蛾4月孵化，初孵化的幼虫极为活跃，首先吐丝缀叶、树皮碎片等营造护囊，然后觅食叶肉，留下叶脉。被害叶片呈孔状。

防治方法：在幼虫低龄期喷洒25%喹硫磷乳油1 500倍液，或25%除幼脲悬浮剂500~600倍液，或90%晶体敌百虫800~1 000倍液，或80%敌敌畏乳油1 200倍液，或50%杀螟硫磷乳油1 000倍液，或50%辛硫磷乳油1 500倍液，或90%杀螟丹可湿性粉剂1 200倍液，或2.5%溴氰菊酯乳油4 000倍液。一般选择在孵化高峰期用药，可使幼虫不能正常蜕皮、完成变态而死亡。采收前7 d停止用药。

**（8）蜗牛**

蜗牛主要危害荷花嫩叶。

防治方法：少量时可人工捕捉，或在荷花种植场地四周堆草诱杀；也可使用1%的硫酸铜溶液，或用1%的波尔多液，或用四聚乙醛颗粒剂喷杀。

**（9）螺害**

危害荷花的有害螺类主要有耳萝卜螺、椭圆萝卜螺、尖口圆扁螺、大脐圆扁螺和福寿螺。

防治办法：一是冬季可结合兴修水利、平整土地等农田基本建设，消灭越冬螺。二是人工捕杀害螺和卵块，在螺害田放鸭啄食。三是药剂杀螺。每亩用茶子饼粉3~4 kg，加温水50 kg，浸泡3 h，取其滤液喷雾；或用70%贝螺杀50 g，稀释1 000倍后喷雾；也可用硫酸铜放入纱布袋中，在水中来回拖动，使药物进入荷塘杀死害螺。

**（10）孑孓**

孑孓是蚊子的幼虫，在碗莲盆中常有发生。

防治方法：一是蚊香灰或蚊香研成粉末放入盆中杀灭。二是在较深的盆中放1~2尾杂食性鱼类，让其吞食孑孓。

3. 草害

荷花的草害主要是水绵，俗称水青苔。大量生长的水青苔会与荷花竞争营养，也会缠住叶柄和浮叶，影响叶片的光合作用，使荷花生长受到抑制。

防治方法：发生时可在清晨用草木灰水或用 0.3%~0.5% 的硫酸铜溶液喷杀。施草木灰水还可增加水体中的钾素养分。

要注意的是：在喷洒药液防治病虫草害时，应喷细雾，要注意不要使药液聚留于叶心、花心，以免造成药害而腐叶烂花。

## （七）观赏荷花种藕出口前的技术处理

荷花不仅可以丰富湿地和水体景观，促进城乡生态环境的改善，还能推动当地现代农业和乡村旅游的发展。近年来，荷花产业发展迅速，国内外销售市场需求量扩大。观赏荷花的种藕是最能固定和保持荷花品种观赏特性的无性繁殖材料，也是荷花出口创汇的常用产品之一。但根据国际动植物检疫的规定，污泥、稻草、寄生虫、恶性杂草及其种子等严禁出入境。因此，荷花种藕出口前必须进行一系列处理（图 5–2），使其符合植物出境检疫的要求。目前，荷花种藕出口前处理尚无国家标准和行业标准，因此笔者根据生产实践总结出种藕出口前技术操作规程。

a. 场地清洗与精选

b. 精细刷洗

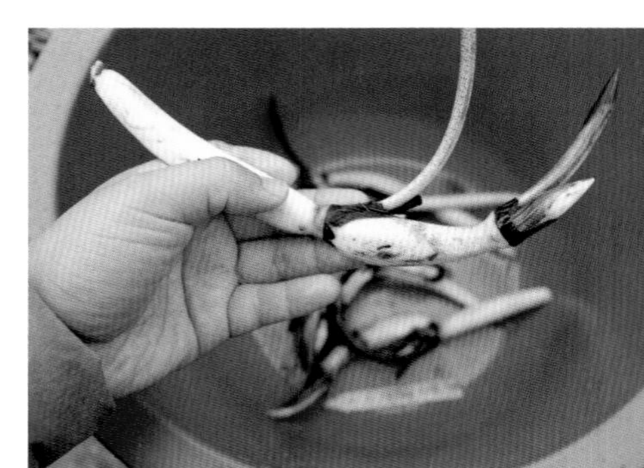
c. 种藕挑选

图 5–2　出口前种藕处理

种藕出口前处理的基本操作流程如下：

采挖种藕→田间粗选→场地清洗与精选→精细刷洗→沥干→杀虫、灭菌→晾干、自检→打包并贴标签→装箱并贴上装箱单、注册号→指定仓库储运→申请植物检疫→现场抽检和记录→获得植物检疫证书→报关、出口运输。

在这一套流程的操作过程中，种藕生产者必须根据输入目的地国家（地区）的植物检疫要求，中国政府与输入目的地国家（地区）签订的双边植物检疫协议、议定书和备忘录，海关检疫审批及出口许可证规定的植物检疫要求及贸易双方约定的检疫要求等为检疫依据，主动取得出口植物检疫注册证，配备防治有害生物的专职植保人员，接受官方检疫机构的指导和监督，根据每批种藕输入目的地国家（地区）的植物检疫要求准备申报检疫，保证种藕产品必须来自注册生产者的种植园区，并有完整准确的生产记录，包括种藕的品种名、数量、批次和养护管理、环境管理记录等。

在具体的操作技术上，有一套严格的规范：

1. 种藕的精洗

种藕采挖后先进行田间粗选，剔除畸形、顶芽不完整或者有明显病害斑块的种藕，用水枪简单冲洗泥土后，转运到清洗种藕的场地再集中精洗，选用质地柔软的毛刷清洗，在刷洗种藕顶芽侧芽时，要缓慢地、轻轻地刷洗，避免划伤幼嫩的顶芽引起腐烂从而影响种藕未来成活。顶芽十分脆嫩，刷洗时为了避免碰断顶芽，最好用左手无名指和食指托住藕身，并用拇指将其按住，将顶芽置于两个手指末端，精细刷洗；在顶芽处，刷洗速度要慢，刷洗幅度要小，保护顶芽完整。种藕茎节处的不定根和叶芽侧芽上的苞叶容易附着污泥和寄生虫，清洗时去除不定根，但应注意保留顶芽的苞叶并将其刷洗干净，用以保护顶芽。不得用旧麻袋、稻草、谷壳等作为包装和铺垫材料。

2. 杀虫、灭菌处理

为达到出口检疫的标准，清洗干净的种藕要进行浸泡杀虫、灭菌处理。将清洗干净的种藕在室内摊开晾干，注意不可让种藕脱水干枯。用多菌灵、阿维菌素、噻唑磷 3 种药按 1 ∶ 1 ∶ 1 的比例混合，再加水稀释 800 倍配制成杀虫灭菌药剂。将晾干的种藕放入塑料框中，再沉入配制好的药剂里浸泡，一次放入的种藕数量不要过多，种藕上方可覆盖木板，使种藕完全浸没在药液里，浸泡时间控制在 30 min 左右，目的是为了杀除附带的病菌、线虫和其他活虫。配好的药液可以重复使用 3 次，超过限制次数反复使用的药液无法达到杀虫、灭菌要求，须重新配制药液。第二次浸泡的时间比第一次增加 5 min，第三次比第二次增加 5 min。将杀虫、灭菌好的种藕转运到指定仓库，摊晾至表面干燥无水，以防运输途中种藕腐烂。

3. 种藕的自检、包装与存放

转运种藕用到的工具、容器及包装材料等，不得黏附土壤、害虫及杂草等。检查待包装的种藕，要求表面干燥，没有土壤、腐烂、开裂、苞斑、肿块、芽肿、害虫、虫洞等。存放种藕的仓库与清洗、消毒场地间要有物理隔离，仓库内要求清洁干爽，无其他未经消毒的种藕以及荷花的其他组织和材料，摊晾架要离地面 60 cm 以上，可分多层。为核对订单品种和数量等是否与申请植物检疫资料相符，还应准备足够的备用种藕，以配合现场检疫的抽样工作。

种藕包装以后适合装在密闭的泡沫箱中，避免雨淋和挤压，也可以用质量较好的瓦楞纸箱。整个包装过程应在待检部分指定的存放操作室内进行。搬运需要用到的工具和容器不得携带泥土，应定期打扫，存放在检验检疫部门认可的仓库。不同品种应分开包装，为防止种藕在运输过程中失水，种藕的顶芽用柔软的吸水棉包裹起来，并卷紧使之不能松动，摆放紧实。种藕之间尽量不留空隙，相互支撑，包装箱内壁最好铺一层塑料布，避免水分泄漏，同时还需要用棉纸或者气泡膜填满空隙，防止种藕因晃动碰断顶芽。同一品种的种藕连同标签装入塑料袋中（图 5–3 a），在塑料袋外面也要注明品种名称和数量（可以用记号笔直接书写或者用打印的不干胶标签）。

包装好的种藕放入纸箱并及时封箱（图 5–3 b），防止灰尘和蚊虫进入，存放在指定的仓库，仓库应配纱门、纱窗，以防鼠防虫，仓库内的温度最好控制在 5~8 ℃。外包装纸箱上注明种藕总数量、重量、包装批号、植物检疫注册登记证编号、植物检疫证书等信息，箱内提供品种清单。封好的纸箱应放在货架或者桌面上，禁止在地面上堆放。存放种藕的仓库，应有专人管理，未经许可，任何人不得随意入内。每批种藕发出后，对储运仓库进行清洁和消毒处理。

准备好这些工作后，需要为每批出口种藕根据输入目的地国家（地区）的植物检疫要求准备申报资料，配合海关工作人员现场抽样和检查，现场检疫工作结束后，要做好记录备案工作并及时获取植物检疫证书，准备好相关的种藕运输工作。

a. 塑封包装

b. 装箱

图 5–3　出口种藕的包装

6

# 六、育种基础知识

## （一）品种

品种是指经人类培育选择创造的，经济性状和生物学性状符合人类生产、生活要求的，外部形态特征相对整齐一致，能够稳定遗传的栽培植物个体。

新品种有 3 个基本特征，即特异性（Distinctness）、一致性（Uniformity）和稳定性（Stability），简称 DUS。DUS 测试，是判断植物种质是否属于新品种并授予品种权的前提。特异性又称可区分性，一个品种应至少有一个以上明显区别于其他品种的可辨认的标志性状和特征。一致性，是指同一个品种的个体之间性状应具有一致性，其外观和形态性状都应该相对一致，这一特征是反映品种的群体之间整齐度的一个指标，是对遗传背景的要求。稳定性，是指一个品种在遗传上相对稳定，也就是说，在采用适合该品种的繁殖方式情况下，能够保持其原有优良性状。荷花新品种要求其标志性状和特征在无性繁殖后代中稳定遗传，不产生性状分离。

根据国家实行的植物新品种保护制度可知，保护品种是指国家植物品种保护名录内的植物经过人工选育或者发现的野生植物加以改良，具备新颖性，有一个以上性状明显区别于已知品种，且除可预期的自然变异外，群体内个体间相关的特征或者特性表现一致的植物品种。保护品种除强调品种的特异性、一致性、稳定性以外，又增加了一条新颖性。新颖性要求申请品种权的植物品种在申请日前其繁殖材料未被销售。或者经品种权申请人许可，在中国境内销售未超过 1 年；在中国境外销售的，藤本植物、木本植物（林木、果树和观赏树木）新品种繁殖材料销售未超过 6 年，其他植物品种繁殖材料销售未超过 4 年。

## （二）种质资源

种质资源，又称遗传资源，是指能将特定的遗传信息传递给后代并有效表达的遗传物质总称。

种质基因库是收集和长期保存植物体的一部分活组织（包括种子）的保存库。随着现代科学技术的发展，世界上主要农作物和部分园艺作物的种质基因库均已建立。种质基因库保存的材料除种子外还包括植物的块根、块茎等无性繁殖器官，根、茎、叶等营养器官，以及愈伤组织、分生组织、花粉等。

虽然荷花种子可以长期保存，本身具有一定的保存价值。但观赏荷花的种子多为杂合体，不能保持品种特性，一般除选种外，很少采用种子作为荷花品种的繁殖和保存材料。种藕无性繁殖可以有效保持品种特性，是目前荷花品种扩繁的主要方式，荷花种质资源库（圃）建设也应以种藕为主要保存和繁殖材料。建立荷花种质资源库(圃)要对荷花品种资源进行广泛收集和调查,并对收集的种质资源进行详细记载和评价,同时开展种质资源提纯复壮与综合利用。此外,有条件的地方,应根据荷花种质资源情况建立翔实的数据库,实现植物资源信息数字化管理。

种质资源是育种工作的物质基础,只有在全面收集种质资源,并对其进行评价和生物学特性研究的基础上,才能更好地根据育种目标配置、优化杂交亲本,选育新品种。1991 年,中国荷花研究中心在武汉成立。1996 年,荷花前辈王其超、张行言先生建立了中国第一个观赏荷花种质资源库,收集、保存荷花品种 330 个。目前,经国家林业和草原局及中国花卉协会批准的国家荷花种质资源库有 3 个,即江苏省中国科学院植物研究所和南京艺莲苑花卉有限公司联合申报的南京库、上海辰山植物园申报的上海库和西南林业大学申报的昆明库。

## (三)选择育种

### 1. 选择育种概念

选择可以分为自然选择与人工选择。自然选择通常是向生物体有益的方向变异,可以筛选出适应环境的个体,这种个体往往拥有更强的活力与繁殖力。人工选择是人们有目的地对生物性状进行筛选,将符合需求的性状保留下来。人工选择应充分利用自然选择创造的条件,并注意有计划地选择和保存有代表性的类群,避免基因资源的丢失。

选择育种是通过人工选择的手段从现有荷花种类、品种的自然变异群体中选取符合荷花育种目标的类型,经过比较、选择、鉴定从而培育出新品种的方法,简称选种。选择是育种的基本途径,也是贯穿育种过程的步骤。观赏荷花选择育种的遗传基础是基因重组或基因突变,从产生变异的群体中,将符合育种目标的单株选择出来,保留少数符合育种目标的个体,进而培育成新品种。选择一般根据不同的育种目标而定。观赏荷花的选育通常会考察花色、花型、花态、花径、花香、株高、丰花性、花期、抗逆性、结实性、耐阴性等指标。

选择育种是对自然变异进行选择的育种方式,省去了杂交、诱变等人工创造变异的环节,不需要复杂的设备,工作过程简单,应用方便。选择育种也有其局限性,仅仅是通过选择将变异选出,选择的过程不能改变或创造变异。如果群体中没有变异的个体,则所有的选择方法都是无效的。因此,这种方法不能进行有目的的创新,常常难以满足育种目标的需要,只能改良现有的品种,改进的幅度也较小。

### 2. 选择育种的方法

选择育种的方法有两种:混合选择法和单株选择法。

混合选择法,又称表型选择法,是根据植株的表型性状,从原始群体中选择一批符合育种目标要求的,性状彼此相似的优良植株,混合留种,将其种子混合播种种植,建立混选区,与对照品种区及原始群体区相邻种植,进行鉴别比较,从而获得新品种的选择方法。在观赏荷花生产实践中，多将种质资源圃或者种植区收获的莲子混合贮存，第二年混合播种后再挑选变异单株，很多时候不知道具体的父母本。

单株选择法是从原始群体按照选择标准，选出一些优良单株，分别编号和留种。翌年每个单株单独种植一小区繁殖成株系（一个单株的后代），与对照品种进行比较鉴定，根据各株系的表现，鉴定各个株系，以株系为单位进行取舍，并在入选的株系中继续选择单株，由于选择的过程是以单株为单位对象，因此叫单株选择法。在观赏荷花生产实践中，这种方法通常将符合育种目标、从母本植株的单池或者单盆（缸）或者单个莲蓬中的莲子单独收取、贮存、播种，再进行鉴定、选择。荷花为多年生草本植物，既可以自花授粉，也可以异花授粉。在现阶段实际生产中，荷花选种后多采用无性系进行繁殖。首先将优良单株的无性繁殖器官种藕或者藕鞭挑选出来，在池里或者盆钵里分别保存，第二年通过无性繁殖扩繁成无性系，种植于选种圃，并设对照品种，进行比较鉴定，选取生长健壮、无病虫害或病虫害较少的无性系，加速种藕繁殖，扩大种藕数量，培育成无性系品种。

3. 选择育种程序

在整个选择育种工作中，选育出一个新品种要经过原始材料的收集、优系选择、鉴定、比较等一系列的工作环节。这种按照一定的先后步骤依次进行的工作环节，就叫作选择育种程序。分预选、初选、复选和决选 4 个步骤。

**（1）预选**

由专业人员组织讨论，明确选种的意义、具体方法、要求和标准，进一步开展广泛的选种。专业人员应对选报的荷花进行现场核实，剔除明显不符合选种要求的单株，再将其余的荷花进行标记、编号和登记，作为预选荷花材料。

**（2）初选**

由专业人员对预选荷花进行调查记录并进行资料整理分析，经过连续 2~3 个生育周期，对预选荷花进行品质、花色、花型等方面的复核鉴定，结合选择标准，将其中表现优异且稳定的单株入选为优选单株。对优选单株的荷花继续进行观察，同时繁殖出 20 支以上的种藕作为选种圃和多点生产实验用种苗。

**（3）复选**

对初选植株再次进行筛选，经过繁殖形成无性系，在选种圃里进行比较，也可结合进行生产实验，复选出优良单株。通过连续 3 个生育期的比较鉴定，对复选单株作出复选鉴定结论。

**（4）决选**

在选种单位提出复选报告之后，组织相关人员对入选品系进行评定决选。

4. 芽变选种

芽变来源于体细胞中自然发生的遗传变异，体细胞变异多发生于芽的分生组织细胞，形成变异芽，不管是种子繁殖还是无性繁殖的植物都有可能产生芽变。随着荷花地下茎的进一步生长，某些变异芽萌发成藕鞭，藕鞭生长开花后，显现出与原品种的性状差异。芽变经常以枝变形式出现，荷花的变异芽在初代发生时容易被人们忽视，在逐步长成新株时才会被发现。选择芽变材料，并将其育成新品种选种法，叫芽变选种。

在荷花的栽培中，除芽变外，还存在着由环境或其他因素引发的不可遗传的变异，这种变异称之为饰变，也叫彷徨变异。如偶尔出现的不可遗传的“并蒂莲”“品字莲”，还有一部分不可遗传的嵌色变异等。在芽变选种过程中，应注意区分芽变和饰变，选出可遗传的芽变材料。

芽变开始发生时多为嵌合体。体细胞的突变最初仅发生于分生组织的个别细胞，对于发生突变的植株、器官及组织来说，它是由突变和未突变的细胞组成的嵌合体。在细胞分裂、发育过程中的异型细胞间为竞争关系，需通过对无性繁殖器官的不断定向选择才能形成突变植株。芽变有时很难使突变达到百分之百的同型化，不少芽变品种可能会不够稳定而出现原品种性状，需要持续选择提高其同型化程度。

芽变嵌色荷花品种‘娥英’的选育过程：

2019 年 5 月 21 日，将上年自然杂交的种子，一万余粒经浸泡催芽后入盆栽种。

2019 年 7 月 19 日，从一万余盆母本为‘粉精灵’的实生苗中发现一单株，该单株第一朵花 1/3 红色，2/3 白色，为嵌色。

2019 年 7 月 25 日该单株第二朵开放，发现也为嵌色，只是红色变少，且第三、第四朵均为粉红色。

2019 年 8 月 1 日将该盆脱盆种入宽 80 cm、长 10 m 的水泥池中。至 2019 年 9 月 11 日，陆续开花的花朵中约有 2/3 为完全粉色，1/3 为嵌色，嵌色多为花瓣尖部有红色线纹或者少量斑块。

2020 年 3 月 5 日，在宽 80 cm、长 10 m 的水泥池中取出种藕 30 支分别种于 30 盆中。

2020 年 6 月 20 日，30 盆荷花中有 10 盆为嵌色、20 盆为完全粉色。将 10 盆嵌色荷花脱盆入水泥池（宽 80 cm，长 5 m）中，嵌色荷花入泥后又陆续开花，每朵均为嵌色，不过嵌色斑纹或斑块大小不一，表现为可遗传，笔者将这批嵌色荷花命名为‘娥英’（图 6–1）。而 20 盆完全粉色的脱盆扩种后全部为粉色，没有出现嵌色现象。

2020 年 8 月 7 日起，以‘娥英’为母本分别与‘瑶池火苗’‘大洒锦’杂交，同时也做了反交，以验证其嵌色能否有遗传性。

2021 年 4 月从‘娥英’种植池中取挖种藕 128 支，分栽于 128 个盆中，每盆一支种藕，6 月 20 日统计成活 123 盆，均开花，有 10 盆中部分出现大斑块现象，其余均有嵌色，不过斑块较小，这也证实了芽变品种同型化程度不高。而以‘娥英’自交和以‘娥英’为亲本杂交的 13 580 盆实生后代中无一例有嵌色斑块，说明在有性繁殖过程中，‘娥英’的嵌色不具备遗传性。

5. 实生群体的选种

由于荷花基因具有高度的杂合性，即使自交也会发生性状分离，所以荷花实生群体中存在着较大的差异，可以通过选择获得优株，再进行无性繁殖形成无性系。具体方法是：将供选材料

的莲子播于选种用的盆中，在开花期选出优良单株，分别编号记录后，脱盆进入选种观察池，进行无性繁殖，形成无性系小区，然后通过比较、鉴定并选出优良的无性系。这种方法选育的新品种难以考证其父本甚至母本，选中的数量远远少于淘汰的数量，工作量较大，选择效率不高。20 世纪 80 年代，位于武汉的中国荷花研究中心就是从自然杂交种播种的实生苗中选育出‘东湖春晓’‘红霞’等的。80 年代初期（1983 年）至 90 年代中期，荷花前辈王其超、张行言先生用实生苗选育荷花品种 280 多个，占荷花品种总数的 47%，这种方法为早期的荷花育种做出了重要贡献。

图 6-1　娥英

实生群体选种，只进行一代有性繁殖，入选个体出现优良变异时即可通过无性繁殖固定其优良性状。因此，育种过程中不需要专门设置隔离区防止杂交，也不存在因长期自交而导致的植株活力衰退问题。实生群体选种中，从优良品种的实生后代中获得优质品种的概率较高。

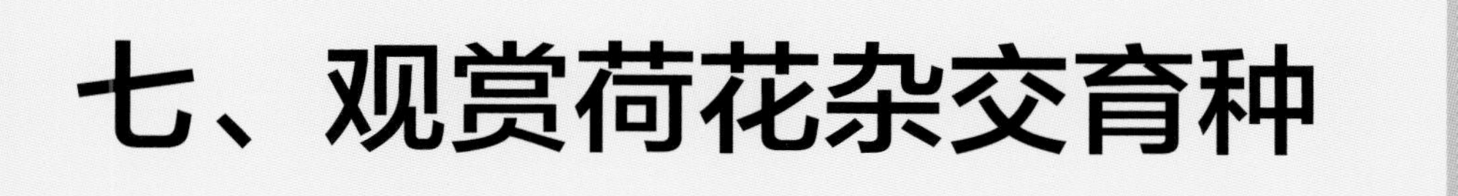

# 七、观赏荷花杂交育种

总体来讲，荷花无性繁殖群体性状稳定性较高，自然变异发生的概率较低。虽然利用自然界中的优良变异，可以选育出一定数量的优秀品种，但是依赖自然变异，很难满足人们对花色、花型、花期、香味、株型、抗性等方面的要求。因此，观赏荷花新品种选育需要利用人工杂交的方法，创造出更多新的变异类型，同时在杂交中扩大选种材料的来源，有目的地选配亲本。

## （一）观赏荷花杂交育种的类别

杂交是通过不同基因型个体之间的交配得到新基因型个体的过程。杂交育种是通过杂交对所获得的杂种后代，进行选择培育以获得新品种的方法。根据杂交亲本亲缘关系的远近，又将杂交分为近缘杂交和远缘杂交。近缘杂交是分类上属于同一种的不同变种或品种间的杂交，如中国莲种内的杂交。远缘杂交是不同种间、属间或亲缘关系更远的物种间的杂交，如中国莲与美洲黄莲的杂交。

常规杂交育种多通过人工把在父母本的优良性状组合到杂种中，并对杂种后代进行多次培育选择，然后获得新品种（图 7–1）。常规杂交多以近缘杂交为主。近缘杂交的亲和力较高，杂种后代的稳定性也比较好，选育新品种的时间短，是杂交育种中最常见的方法。但近缘杂交也有许多缺点，由于双亲的亲缘关系较近，产生的后代也会更接近于亲本，很难产生与双亲差异较大的个体。而远缘杂交由于亲缘关系较远，杂种后代遗传变异丰富，可能出现更为新颖的类型。但荷花远缘杂交可能会导致杂交后代结实性差或不结实（图 7–2）。

图 7–1　人工杂交育种产生的种子

图 7-2　荷花心皮泡化不结实

## （二）观赏荷花杂交育种的准备工作

在杂交中，通常把一对交配的亲本叫作一个杂交组合。在一个杂交组合中：接受花粉的植株叫母本，用符号“♀”表示；提供花粉的植株叫父本，用符号“♂”表示。杂交用“×”表示，自交用“⊗”表示。父本、母本统称为亲本，在杂交中一般母本写在前面，父本写在后面。父本、母本杂交后得到的种子长成的植株叫杂种第一代或杂种一代，用“$F_1$”表示，杂种一代自交得到的种子长成的植株叫杂种第二代，用“$F_2$”表示，依次类推。

为了使杂交育种工作有序进行，在做荷花杂交育种前需做好必要的准备，包括制订杂交育种目标、选择亲本、确定杂交方式、准备杂交工具等。

### 1. 制订杂交育种目标

观赏荷花杂交育种的目的是满足人们对荷花的观赏需求，主要从形态特征（如花色、花态、花型、花径、株高、叶色等）和生长特性（如早花、丰花、抗逆性、耐阴性等）这两方面入手进行改良。观赏荷花我们可以从提高观赏品质、增强抗性、兼用性等几个方面制订育种目标。制订的目标要切实可行，不宜贪多求全。

**（1）丰富花色**

中国莲的传统栽培品种中，花色变化幅度不大，仅有红、粉、白三色。从目前荷花花色上看，大部分荷花品种的花色饱和度和明亮度都不够高，缺少花色新颖、独特的荷花新品种，如蓝色、绿色、黑色、鲜黄色等荷花新品种。嵌色荷花是指荷花花瓣上有不止一种颜色的荷花，具有极高的观赏价值，然而荷花嵌色性状难以稳定遗传，千百年来仅留有‘少瓣洒锦’‘小洒绵’‘大洒锦’3个传统品种（图 7-3），因此荷花嵌色也是一个重要的育种方向。随着现代育种技术的发展，有望通过分子育种等手段在荷花花色遗传基因改良方面实现突破。

a. 少瓣洒锦

b. 大洒锦

c. 小洒锦

图 7-3　嵌色荷花

**（2）单朵花期延长**

荷花单株开花是一朵一朵次第开放的，单朵荷花花期除‘千瓣莲’以外，大多数品种仅有3~5 d。延长荷花单朵的开花时间，亦是荷花切花的育种方向之一。

**（3）群体花期延长**

荷花的群体花期多集中在6—8月，早花、晚花品种比较少。在盛花期的7—8月份，气候炎热，游客较少。选育早于6月1日开花的和晚于立秋以后开花的荷花品种，也是市场的需要。

**（4）不同香气的品种**

荷花的芳香多为淡雅的，但也发现如‘千瓣莲’‘巨无霸’（图7–4）等具有浓郁松香味的品种。选育不同香气的品种，用于切花、盆栽、池种，满足人们对观赏荷花香气的不同要求。

图7–4　香型荷花‘巨无霸’

**（5）并蒂莲、品字莲**

“并蒂莲”“品字莲”虽然不具遗传性，但因其有十分美好的寓意，而为人们喜爱。现阶段的研究尚未揭示其形成的原因和发生规律，并蒂莲、品字莲等仍是育种者和科研工作的方向和目标之一。

**（6）株型遗传基因改良**

株型选育方面主要有两个方向：一是选育耐深水、丰花的巨大型荷花品种，且花梗远远高出伴生立叶（图7–5 a）。二是选育微型、丰花的荷花品种，满足家庭园艺种植需求（图7–5 b）。

a. 巨大型荷花

b. 微型荷花

图 7-5　不同株型荷花

**（7）抗逆性强的品种**

抗逆性强的品种选育包括耐阴、耐低温（适宜高纬度地区种植）、耐深水、抗病虫害的品种选育。

**（8）各类专用品种**

切花荷花

不同的荷花品种就用途不同，还可细分成各类专用品种，如盆栽荷花品种、切花荷花品种、园林景观荷花品种（图 7-6），按照不同的要求有计划地选择亲本和配置组合。如盆栽荷花品种要求叶花匀称，丰花，高矮适合，叶绿；切花品种要求花瓣不易脱落，花梗直，硬，吸水强，花瓣多，耐贮运；用于园林景观的荷花品种要求耐深水，花高于叶片，丰花等。

a. 盆栽荷花

b. 切花荷花

c. 园林景观荷花

图 7-6　专用品种荷花

**（9）兼用型品种**

在兼用型品种的选育方面，近几年已取得部分成果：花与藕兼用，如‘宋城夏韵’‘瑶池之星’；花与子兼用，如‘甜滋滋’；景观花与切花用花兼用，如‘如润’‘草原之梦’‘至尊千瓣’‘至高无上’等（图 7–7）。利用泰国热带型荷花与亚热带型子莲杂交，有望选育出能在海南省和云南省的西双版纳、德宏地区 10 月以后上市的鲜食莲蓬品种，与其他区域错峰上市。

a. 宋城夏韵

b. 瑶池之星

c. 甜滋滋

d. 至高无上

图 7–7　兼用型荷花品种

2. 开花习性与育种关系

观赏荷花开花过程分萼片松动、露孔、开放和凋谢 4 个阶段。萼片松动是露孔前 1~2 d，萼片向外扩张。露孔是扩张的花蕾在顶端中央出现小孔，夏天多在凌晨 3—5 时。开放一般在 3—9 时，花被渐渐打开，至太阳升高时，花被又渐渐闭合。阴雨少光天气闭合时间会明显延后。开放时花瓣舒展，姿态优美，柱头有亮晶晶的黏液，此时是欣赏与授粉的最佳时机。凋谢指花瓣脱落或褪色枯萎，一般在开放后 3~4 d。

荷花为单生花，花蕾着生于花梗顶端，偶尔出现的“并蒂莲”“品字莲”不具备遗传性。荷花为常异花授粉植物，尽管雌雄同株，但雌蕊先于雄蕊成熟，这种成熟时间上的差异使自然界荷花多以异花授粉为主。据笔者观察，荷花经自花授粉也可结实，人工授粉时应掌握好去雄和授粉时间。

3. 双亲选择及种质资源

杂交育种需广泛搜集各类种质资源。育种材料可根据育种目标收集。在建设荷花种质资源圃的基础上，对收集的育种材料的形态特征、生长习性要充分了解，特别是材料中有鲜明个性特征又符合育种目标的优良性状更要关注，当然也要了解育种材料有哪些缺点，需要改良。杂交育种的目的就是要综合亲本的优点，克服亲本的缺点，扬长避短。

杂交育种的母本应选择可以结实的品种，对于某些重瓣品种，可以通过扩大生产面积，例如将盆栽荷花脱盆种入面积较大的池中，来提高结实率。还有一些品种前期几朵花结实性差，中后期结实率有很大改善。父本应选择雄蕊和花粉发育正常的品种。‘千瓣莲’既无雌蕊也无雄蕊，既不能做母本，也不能做父本。

选择双亲的原则是部分目标性状优于已有材料，且双亲在育种目标中有互补性，这样亲本的优良性状才能在后代中遗传且表现出来。

4. 杂交方式

在一个杂交组合里，选用亲本数目以及各亲本杂交的先后次序称为杂交方式。杂交方式是由育种目标和亲本特点决定的。常见的方法有两亲杂交和多亲杂交。

**（1）两亲杂交**

参与杂交的原始亲本只有两个的杂交方式称为两亲杂交。

两亲杂交中最常见的为成对杂交，如一个母本甲与一个父本乙的杂交，用甲 × 乙表示。如果将甲 × 乙（母本 × 父本）定为正交，那么乙 × 甲（母本 × 父本）称为反交。在荷花新品种杂交育种过程中，正交、反交可能会得到性状不同的后代群体。若性状为细胞核遗传，正交和反交的子代性状表现相同；若性状为细胞质遗传，无论正交还是反交，后代总是表现母本性状。

回交是两亲杂交的另一方式。回交育种多用于改良单一性状，如抗病性状的改良。回交的过程一般为在两亲本杂交后，杂种及其后代再和亲本之一连续多代重复杂交。比如：在第一次杂交中选择具有观赏性好、综合特性优良的亲本甲做母本，用抗性好的乙作为父本；然后以亲本甲在以后各次回交中做父本，即[（甲 × 乙）× 甲 ] × 甲。用于多次回交的甲就叫作轮回亲本，只在第一次杂交时使用的亲本乙叫非轮回亲本。回交的最终产物为抗性改良后的轮回亲本，即把非轮回亲本乙的抗性性状导入轮回亲本甲中去。

**（2）多亲杂交**

多亲杂交是指两个以上亲本间杂交，一般先将一些亲本配成单交组合，再将单交组合互相杂交或与其他品种杂交，使多个亲本优缺点相互互补，多亲杂交的方式因采用亲本的数目和杂交方式不同又分为以下几种：

① 添加杂交。在多亲本杂交时，每杂交一次添加一个亲本的杂交方式叫添加杂交，单交的杂交后代再与第三个亲本杂交叫三交，如［甲 × 乙］× 丙为三交。多个亲本逐个参与的添加杂交为多亲杂交，每杂交一次，可以增加一个亲本的优良性状。

② 合成杂交。参加杂交的亲本，先两两配成单交杂种，再将这两个单交杂种进行杂交，这种杂交方式叫合成杂交，其杂交后代为双交杂种，例如［甲 × 乙］×［丙 × 丁］。

### 5. 杂交工具

杂交前须准备剪刀、镊子、回形别针、直别针、标牌、塑料标签扎带、一次性小塑料杯、陶瓷杯、玻璃杯或者调色盘、记号笔、记录本、双面标签贴纸、笔、细线、70% 酒精、棉球、花梗支撑材料（用于太大或太重的花蕾）等。

荷花杂交的步骤

## （三）杂交的步骤

### 1. 选择双亲植株和杂交用的花朵

以南京地区为例，每年 7 月初至 8 月底为荷花杂交的最佳时期。从备选的双亲中，选择长势旺盛、健康无病虫害的单盆或者种植池作为杂交用种株，根据杂交育种需要和着花数量选择留用数量，一般盆栽苗选 5 盆以上，池栽选 4 $m^2$ 左右。选定杂交用种株后，应加强植株日常管理，并预防病虫害。最初的一两朵花因长势弱不一定能充分表现出品种典型特征，所以尽量不要选作杂交用花朵，可以在未开放时摘除，以减少养分消耗。花朵应好中选优，不使用退化植株、畸形花等，最好把品种典型特征表现明显、长势旺盛的花作为杂交双亲用花。

### 2. 去雄与隔离

荷花是虫媒花，可以异花授粉，也可以自花授粉。在杂交前，为防止花粉污染和自花授粉，应先将母本的雄蕊剔除。去雄选择的时间要适当，最好在萼片松动，即花开放前一天进行。去雄过早，不仅不便于操作而且易损伤柱头和子房；去雄过晚，花粉容易弹开散落在母本的柱头上导致其自交结实。

去雄时应用左手中指与无名指挟持花梗，拇指与食指轻轻挟持花蕾基部，右手握着镊子，将花被轻轻扒开，露出花托，然后用镊子将雄蕊全部拔除。去雄要求手法熟练，在操作过程中要特别小心，去雄要彻底，不留残余。有经验的人可以徒手去雄授粉：左手手心向上，中指与无名指自下而上插入花梗中托住花蕾，右手拇指与食指一层一层拔去花被，到露出花托后，直接用手拔除雄蕊。去雄完毕后用 75% 的酒精擦拭用具，消杀可能存活的花粉。对杂交用的母本和父本花朵要进行有效的隔离，防止花粉污染。母本去雄后将花被轻轻合拢呈未去雄前状态，然后用线或者塑料扎带标签系住顶端，使花蕾呈封闭状态“套袋”隔离，不让花粉传入。同时在选做父本的花朵上选定第二天要开放的花蕾，顶端用塑料扎带标签系上"套袋"隔离，不让其露孔，防止自然窜粉。完成去雄的母本和已隔离的父本都要系上标签，注明时间和父本、母本名称，并做好记录。

3. 授粉

在授粉期间，正值荷花盛花期，空气中有可能飘散着其他品种的荷花花粉，所以授粉时要注意防止窜粉，影响杂交结果。授粉前首先要采集父本植株的花粉。花粉数量的多少，因品种不同有所差异。一般情况，父本植株一朵花的花粉可供四朵母本花柱头授粉用。据观察，荷花的雄蕊较雌蕊后一天成熟，合适的花粉采集时间为父本"套袋"后第三天早上5—8时。采集花粉时，将系在父本花朵上的塑料标签解开，用镊子将整个雄蕊取下，包括完整的附属物、花药、花丝，然后将其盛在玻璃或陶瓷器皿中，器皿上注明父本名称。花粉采集的另一方式为将雄蕊取出浸在纯净水中，后用无针头注射器吸取花粉溶液，并将之注于母本柱头上完成授粉。采集的花粉尽可能随采随用。在母本去雄后的第二天上午5—8时进行授粉工作。首先解开母本去雄后系于花蕾顶端的塑料标签扎带，用镊子夹起雄蕊放置在柱头上，把雄蕊盖满整个花托柱头，再把花被合拢，重新系上塑料标签扎带，注明父母本及授粉时间，并在记录本上记录。晴朗的天气授粉后，花朵也可以不再合拢，因为目标父本的花粉已经盖满柱头，授粉的花粉会先于其他花粉受精。如遇阴雨天，必须把授粉后的母本花用塑料袋套上，袋上扎几个小孔，让它既免受雨水冲洗而使杂交失败，又不会因通风不良而发霉。应注意的是，授粉所使用的工具要及时用酒精消毒，待酒精挥发完毕后再使用。做下一组杂交前，无论是去雄或授粉，都要更换新的器具或者用酒精把使用过的工具再次消毒。

采集的花粉最好现采现用，以保持较高花粉活力，获得较高的受精率和结实率。如果遇到某些特殊原因不能即时完成授粉，或父母本花期不遇，则需要将花粉贮存。贮存花粉时应注意干燥、低温并避免阳光直射。可将盛花粉的容器密封，然后将此容器放入装有干燥剂的塑料袋中，或再将塑料袋放入5~8 ℃冰箱里，花粉可以存活一个星期左右。如果父本和母本不生长在同一地区，需要远距离调运花粉，此时可将盛花粉的容器密封，随后用塑料袋分别包装冰袋、干燥剂后，用发泡膜分层放置于备好的泡沫箱或者保温瓶中，然后进行运输。

4. 结实期管理及采收

一般情况下，授粉第二天，花托呈鲜绿色，柱头液干燥，柱头发黑，说明授粉结束，须及时取下隔离袋和扎带，减轻花梗负担，还可避免花被因呼吸热而发霉腐烂。莲蓬膨大期如果莲蓬过重会倒伏，可加支杆支撑固定。结实期应经常注意观察果实成熟的程度，及时采收，并注意防止鼠类和鸟类偷食，游览点应竖牌提醒游人不要采食。莲子成熟所需时间因授粉时间不同和气温高低不同而不同。长江中下游地区，在7月初授粉的，莲子成熟需要21 d左右；8月底授粉的，成熟需要34 d左右；在9月中旬后一般不再做授粉，因为后期气温低，莲子不易完全成熟。采收莲子应保证其完全成熟，表现为：种子表皮褐色，轻轻摇晃后莲子可从莲房中脱落。杂交莲子收获时，应同步撰写新的标签，标明父母本、授粉时间、收获时间等，将莲子连同标签同时装入种子袋中。收获后，将种子袋在太阳下晾晒几天，然后悬挂于背阴通风处，以供翌年播种（图 7–8）。具备一年多茬种植条件的可随采随播。杂交种种植时，应将其父母本相邻种植作为对照，以便甄别性状。

图 7–8　种子保存

5. 远缘杂交在观赏荷花上的应用

远缘杂交分广义的和狭义的。狭义的远缘杂交是通常在分类单位种以上的植物间进行杂交。植株亲缘关系越远，突变概率越大，亲缘关系越近，杂交优势越不明显。我国育种工作者利用美洲莲与中国莲远缘杂交创制了许多优良的荷花新品种。1962 年美国荷花育种家用亲缘关系比较远的中国莲‘红千叶’与美洲黄莲杂交，育成了‘Mrs. Perry D. Slocw’，中文译为‘伯里夫人’（图 7–9）。1985 年，著名荷花专家黄国振先生用以‘伯里夫人’为亲本人工自花授粉，育成非常有影响的‘友谊牡丹’莲。21 世纪初，南京艺莲苑花卉有限公司用‘友谊牡丹’莲为母本再与美洲黄莲回交，选育出了‘金太阳’。利用亲缘关系远、性状差异较大的亲本进行杂交，能提高杂种异质结合程度，丰富遗传基础，杂交后代常能表现出强大的杂种优势。

图 7–9　伯里夫人

广义的远缘关系主要包括不同生态型地理位置上的远缘、性状差异较大的远缘。如产于泰国的热带型荷花与产于中国的亚热带型荷花进行远缘杂交育种，由于双亲来自不同的生态区域，可增加杂种内的基因杂合度，具有一定的杂种优势。武汉植物园莲种质资源与遗传育种学科组选育的“秋荷”系列新品种（‘至尊凌霄’‘赛凌霄’‘翘首’‘红菱蝶舞’‘秋三色’‘秋牡丹’‘粉霸王’‘提灯赏月’等）就是通过泰国热带型品种和中国亚热带型品种杂交育成。“秋荷”系列新品种在武汉可于国庆节前后正常开放，有效延长了荷花花期，初步解决了秋季赏荷问题。另外，武汉植物园莲种质资源与遗传育种学科组还利用亚热带型子莲品种‘建选 17’为母本，泰国热带切花型品种‘至高无上’为父本，杂交选育出了子莲‘武植子 1 号’；用泰国切花型热带荷花‘粉红凌霄’为母本，中国亚热带型大型观赏荷花‘太空红旗’为父本，选育出了子莲‘武植子 2 号’。

## （四）杂交后代的选育

### 1. 杂交种子的播种

根据杂交种子的数量备好子播容器，容器口径不小于 38 cm，深度不小于 17 cm。土壤优先选择富含有机质的塘泥或田园土。长江中下游地区在每年 5 月上旬至 6 月底露地播种，成活率较高。在破壳、浸种、水培各个环节中要保存好杂交标签，播种到盆后应在插地牌上注明父本、母本、播种时间和数量等数据。子播苗一般在 45~60 d 后可进入盛花期。花期应于清晨进行性状观察和初步筛选，将初选出的单株挑出，在插地牌上注明挑选的日期以及主要性状，如花色、花型、株型、花态，有特殊性状的要及时备注。

### 2. 优良单株评选标准

为了避免荷花优良单株评选标准的混乱，以求统一，根据《中国荷花品种图志》有关荷花优良单株评选标准，简述如下：

① 开花情况（15 分）：播种者当年能开花者，或者分株苗植于较小容器中能开花者，或未长立叶而现蕾者。

② 着花密度（30 分）：缸植者，单缸花朵数在 8 朵以上，或在口径 32 cm 花盆植者，单盆花朵数在 6 朵以上，或者口径 26 cm 花盆植者，单盆花朵数在 4 朵以上。

③ 株型体态（25 分）：植株高矮与容器大小配称，叶片与花朵大小配称，多数花朵高于叶上。

④ 花型花色（20 分）：花少瓣或重瓣（包括雌蕊泡化、瓣化），花型新巧、别致、美观；或具有某一特异性状，如花色艳丽或花型新颖，有较高的观赏价值。

⑤ 抗逆性（10 分）：叶色清秀浓绿，不染病斑，花蕾茁壮，不易出现败蕾现象。

评选采用百分制，平均分达 60 分以上为合格，60~69 分为丙级，70~79 分为乙级，80 分以上为甲级。性状表现突出优异者，可破格加分，某些性状表现极差者，酌情扣分。

### 3. 杂交后代的选择

根据育种目标和优良单株评比标准，初选出符合育种目标方向的优良单株，图 7–10 为杂交选育而得的‘中国红·上海’。经初选获得的优良单株，可脱盆植于观察池或大缸中继续观察。优良单株观察池不用太大，一般 1 $m^2$ 左右即可满足观测需求。观察池应及时插上随盆的插地牌，并画好定植图。一般带土球整体脱盆入池，损伤较小，脱盆后的藕鞭由于获得较大空间会迅速生长开花，可有效提高性状调查和后代选择的效率。

对单池内的优良植株进行复选，筛选出更符合育种目标的植株，可使用有别于初选的插地牌做标记以便观察区分，将复选观察到的花色、花型、株型，以及其他适于做切花、盆花、花海景观等特征记载于上，并注明父母本和复选日期。第二年春天，将复选池种藕全部取出，随同插地牌集中种植于测试区的盆中，在测试种植区要及时添加插地牌内容，如种植时间和数量等。第二年夏天，测试区经过复选的盆栽荷花开放后，按照莲属 DUS 测试指南对复选的盆花进行决选，决选出 6~8 盆性状良好且无病虫害的植株，脱盆种入中试池。中试池尺寸：长 10 m，宽 1 m，深 0.35 m。对决选出的品种进行性状调查，并与初选、复选内容对照，最后整理出完整的育种过程资料，对新品种进行鉴定和评价。

图 7–10　中国红·上海

# 8

# 八、观赏荷花的其他育种方法

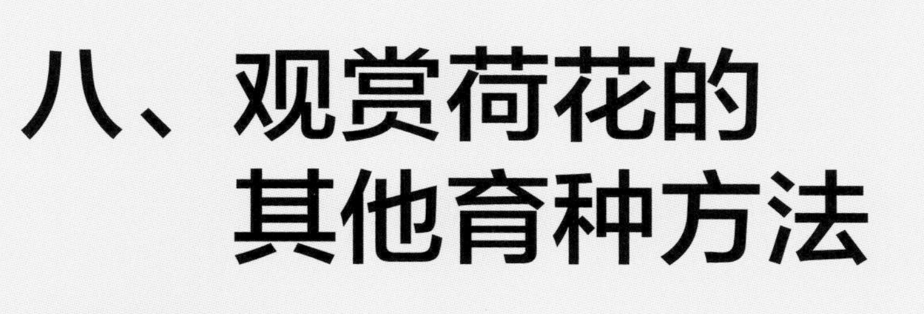

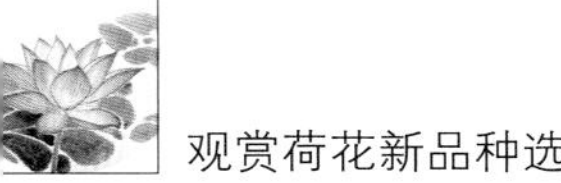



诱变育种即利用物理或化学的诱变剂处理植物材料，如种子、种茎、植株或其他器官，使其遗传物质发生改变，进而产生各种各样的变异，然后根据需求进行定向选择，从而获得新品种。诱变育种的方法有辐射诱变育种、离子注入诱变育种、太空诱变育种、化学诱变育种等。

### 1. 辐射诱变育种

辐射诱变育种是利用辐射技术诱导植物产生遗传变异，从优良的变异单株中选育出新品种的一种方法。早期的辐射诱变育种以 X 射线为诱变辐射源，20 世纪 80 年代起多以 $^{60}$Co γ 射线为诱变辐射源。荷花辐射育种常用莲子进行外照射，即将莲子送进辐照室进行辐射。杭州灵隐寺管理处、江苏扬州里下河地区农科所、南京农业大学等都先后进行了莲子辐射诱变育种，诱变剂量从 5Gy 至 150 Gy 不等。南京艺莲苑花卉有限公司对 5~500 Gy 分别做了试验，结果表明，500 Gy 对莲子发芽没有显著影响。江苏里下河地区农业科学研究所以种藕为材料进行辐射诱变试验，辐射剂量为 5~40 Gy。这些研究为辐射诱变育种的剂量选择提供了技术支撑。

### 2. 离子注入诱变育种

离子束是离子经过高能加速器加速后获得的放射线，能够在物质中引起高密度的电离和激光，离子束以较高速度射入放在真空靶室材料的表面，可以使材料 DNA 双链断裂，产生生物损伤。北京师范大学射线束技术与材料改性教育部重点实验室采用此方法育出观赏荷花‘粉团’和‘长瓣大红’等品种。

### 3. 太空诱变育种

太空诱变育种，是利用返回式卫星、航天飞机以及高空气球，搭载植物种子或其他繁殖材料，使它们处在一个微重力、强辐射的空间里，产生基因突变，并以此进行新品种选育的一种方法。诱变种子返回地面后，按照育种目标进行定向选育，获得性状优良的植物新品种。1994 年，江西广昌白莲研究所利用返回式卫星搭载莲子，进行太空育种研究，筛选出太空莲系列新品种，其中以‘太空莲 36 号’最具代表性。

### 4. 化学诱变育种

化学诱变育种是利用化学药剂诱使植物产生可遗传突变，使植物在形态特征、生长习性等方面产生变异，然后根据育种目标，对这些变异进行鉴定、培育和选择，最后育出新品种的育种方式。常用的化学诱变剂有烷化剂、核酸碱基类似物、无机化合物等。但通过化学诱变培育的荷花新品种鲜见报道。

王其超、张行言先生和武汉植物园黄国振先生都用秋水仙素进行过荷花的多倍体育种。

9

# 九、观赏荷花品种形态、性状记载

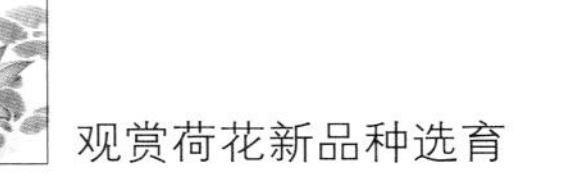


观赏荷花新品种相关性状的记载因目的不同而存在多种记录方式。《中国荷花品种图志》(2005)及《中国荷花新品种图志》(2011),这两本书记载了荷花新品种形态、性状特征与评比标准,中国花卉协会荷花分会的荷花新品种评比多采用这两本书的评测标准。植物新品种权按照农业农村部发布的《植物新品种特异性、一致性和稳定性测试指南 莲属》(NY/T 2756—2015)进行测试。莲属国际登录按照《国际莲属品种登记表》记载。虽然这三个系统记载内容和观测方法略有差异,但其观测内容大多是相似或相近的。本书在参考以上性状调查系统的基础上,将观赏荷花新品种主要观测内容及方法做简要介绍。

## (一)观赏荷花性状观测主要内容

### 1. 容器

分 1、2 号花缸和 3、4 号花盆。1 号花缸口径 50 cm、高 35 cm 左右;2 号花缸口径 40 cm、高 30 cm 左右;3 号花盆口径 25 cm、高 18 cm 左右;4 号花盆口径 20 cm、高 15 cm 左右。大株型品种宜采用 1 号花缸记录,少数采用 2 号花缸。中株型品种植于 2 号花缸记录,小株型品种采用 3 号花盆记录,少数采用 4 号花盆。

### 2. 株型

荷花因品种不同,株型有巨型、大型、中型、小型和微型之分。凡栽植于花缸中能开花的荷花品种,立叶平均高 150 cm 以上,为巨型;立叶平均高 50~150 cm(中美杂交品种大株型盆栽者立叶平均高 40~150 cm)、叶径 30 cm 左右、花径 18 cm 左右,为大株型品种。小株型品种的荷花须完全具备以下 3 项指标:平均花径在 12 cm 以下、立叶平均高不超过 33 cm、立叶平均直径不超过 24 cm;若其中某一数据超标,则均列入中株型品种中。观赏荷花品种分类时,多将大株型品种分为一类,中、小株型品种合为一类,所谓“碗莲”,也是小株型品种群。微型品种花径 5 cm 以下,立叶平均高不超过 20 cm,直径不超过 12 cm。

### 3. 立叶直径

以随花而出的伴生立叶为测试对象。叶径记录结果包含最大值、最小值和平均值。如‘金叠玉’叶径为 38(30.5~46)cm × 29.5(21~38)cm,其中括号外数字为叶径平均值,括号内为叶径范围。

### 4. 立叶高和花柄高

为便于测定,均从栽植缸、盆边(池边水平面上)量至叶柄顶端和花柄的花蒂处。如‘金叠玉’,叶高 102(84~121)cm,意为平均叶高 102 cm,最低 84 cm,最高 121 cm。花柄高 131

（109~153）cm，意为平均花柄高 131 cm，最低 109 cm，最高 153 cm。

5. 花期

荷花因品种不同，始花期有极早、早、中、晚、极晚之分。以长江流域中下游物候为例：“极早”指 6 月 1 日前始花者；“早”指 6 月 1—15 日始花者；“中”指 6 月 16—30 日始花者；“晚”指 7 月 1—15 日始花者；“极晚”指 7 月 16 日以后始花者。

荷花群体花期指同一容器中（或 1 $m^2$ 水面中）栽培的植株，从第一朵花初开之日起，至最后一朵花凋谢之日止。群体花期：“长”，指整个花期 31 d 以上；“较长”指花期 21~30 d；“短”指花期 20 d 以下。

6. 着花密度

不同品种在当年生育期内：大中株型缸植者一缸开花 10 朵以上为“繁密”，6~9 朵为“较密”，5 朵以下为“稀少”；盆栽者单盆开花 8 朵以上为“繁密”，5~7 朵为“较密”，4 朵以下为“稀少”；池植者 1 $m^2$ 水面开花 20 朵以上为“繁密”，12~19 朵为“较密”，11 朵以下为“稀少”。小株型缸植者开花 16 朵以上为“繁密”，9~15 朵为“较密”，8 朵以下为“稀少”；小株型盆栽者开花 5 朵以上为“繁密”，3~4 朵为“较密”，1~2 朵为“稀少”。

7. 花蕾

花蕾膨大显色时：其形状因品种不同可分为窄卵形、卵形、阔卵形和纺缍形；蕾色有紫红、玫瑰红、粉红、绿、绿白、黄绿诸色。

8. 花型

荷花花型有少瓣、半重瓣、重瓣、重台、千瓣之分。单朵花花被片在 20 瓣以内为少瓣型；21~50 瓣为半重瓣型；51 瓣以上为重瓣型；心皮大部分瓣化、泡化者为重台型；某些品种初开为重瓣，后又出现雌蕊泡化可以记录成重瓣→重台，反之则记录成重台→重瓣。雌雄蕊完全瓣化、花托不明显，瓣数达 800 枚以上者为千瓣型。

9. 花径

花径记录需测量单缸、盆（或池中 1 $m^2$ 水面）内盛开花的直径，至少测 3~5 朵，计算其平均值，同时列出最大、最小值。如‘金叠玉’，平均花径 25 cm，最大花径 30 cm，最小花径 20 cm，可记录为 25（20~30）cm。

10. 瓣径

不同品种荷花的外瓣与内瓣的瓣径悬殊颇大。荷花外瓣瓣径大于内瓣，内外瓣均呈不规则的长椭圆形。测量时可选择单缸、单盆或 1 $m^2$ 水面内 3~5 朵花，测每朵花最大一枚花瓣的长和宽，求出平均值。如‘惜红衣’花瓣长 6.9 cm，宽 4 cm。在记录时，也可分别标注最大瓣和最小瓣的长和宽。

11. 花态

花态描述大致可分为碟状、碗状、杯状、球状、叠球状和飞舞状（图 9–1）。“碟状”花态规整，盛开时花瓣平展如碟；“碗状”花态亦较规整，盛开时花瓣稍稍合抱似碗；“杯状”花态，花瓣较长，开花时瓣直立似杯；“球状”花态，花开时似球；“叠球状”花态，花开时花瓣层叠隆起似球；“飞舞状”花态，有的花瓣斜上，有的下垂，飘逸潇洒，呈飞舞姿态。

a. 碟状　b. 碗状　c. 杯状　d. 球状　e. 叠球状　f. 飞舞状

图 9–1　荷花的花态

### 12. 花色

目前对于荷花花色的描述，广泛采用英国皇家园艺学会植物比色卡（RHS Colour Chart）进行比色（图 9-2）。每一色由深至浅分为深（A）、较深（B）、淡（C）、极淡（D）4 级，每级中间各有一个直径 1 cm 的圆孔，方便将花瓣置于色页背后透孔比色。比色后按该页的编码、色名和级别记录。如‘粉珠’花色，书写为淡橙红色“ORANGE-RED N34 C”（“ORANGE-RED”为色名，“N34”为页码，“C”为级别）。

图 9-2　英国皇家园艺学会植物比色卡

### 13. 雄蕊

对大部分荷花而言，少瓣型品种为“雄蕊多数”，半重瓣型品种雄蕊“少数瓣化”，重瓣型和重台型品种雄蕊“多数瓣化”，千瓣型品种雄蕊“全瓣化”。不同品种雄蕊附属物的颜色不一，有白、乳白、乳黄、黄、红、紫诸色；附属物大小有大、较大、小之分，附属物数量有多、一般、少之分。上述相关性状均可直观描述。

### 14. 雌蕊

雌蕊描述包括具花托或花托不明显。同一品种先开的花与后开的花，心皮发育有一定差异。通常，记录的心皮数为单缸、单盆（或 1 $m^2$ 水面）内 3 个以上花托上的心皮数的平均值。荷花心皮发育有发育完全、泡化、瓣化 3 种情况，心皮泡化、瓣化的品种都不能结实。

### 15. 花托

因品种不同，成熟的荷花花托有喇叭状、倒圆锥状、伞形、扁圆形和碗形（图 9-3）。

a. 喇叭状

b. 倒圆锥状

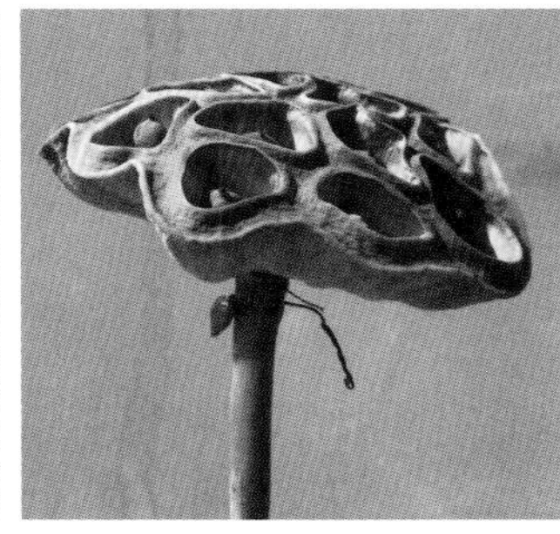

c. 伞形

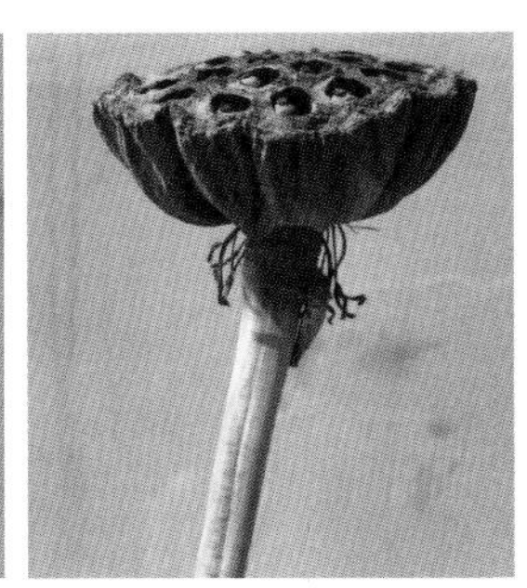

d. 扁圆形

e. 碗形

图 9-3　不同形状的荷花花托

16. 结实

荷花心皮绝大多数能发育成果实者为“正常结实”；心皮部分呈泡状或瓣化，部分可以发育成果实的为“部分结实”；重台型、千瓣型的心皮完全瓣化，均为“不结实”。

17. 地下茎

荷花的地下茎分鞭状（多为热带生态型）、极短近成珠状、短圆筒形、圆筒形、长圆筒形。藕的横截面具有不同的形状，分近圆形、扁圆形、近方形。繁殖系数每盆平均 5 支以上为大，3~5 支为一般，3 支以下为小。

## （二）分类选项

1. 按植物学分类

根据植物学分类法，可将荷花分为中国莲、美洲莲、中美杂交莲。

2. 按用途分类

按用途可将荷花分为花莲、子莲、藕莲，以及兼用型荷花。

3. 按生态型分类

根据生态习性，可将荷花分为热带型、亚热带型、温带型。

10

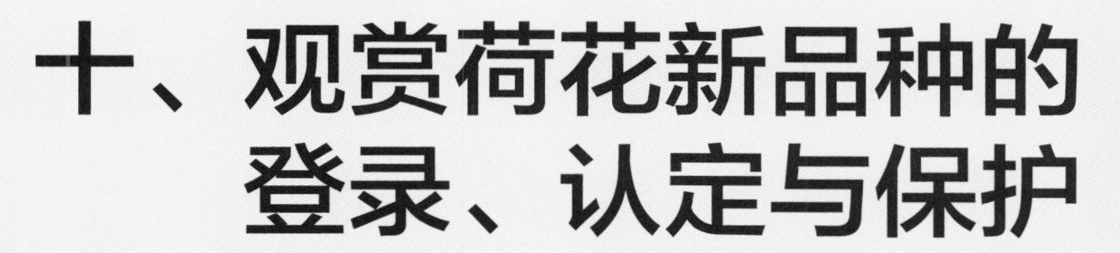

# 十、观赏荷花新品种的登录、认定与保护

培育的观赏荷花新种质，可以申请省级主管部门认定、农业农村部新品种权保护或进行国际登录。该阶段是衡量选育的荷花新种质能否成为新品种的一个重要环节。荷花新品种的认定是农业主管部门在行政上的依法管理，对新品进行形态、观赏特性、生物学特性、抗性等性状的评价工作。品种区域栽培试验，是行业主管部门对品种的认可手段，也是在一定区域内生产推广的行政许可。荷花新品种的保护主要是运用法律措施，对育种者的权益进行法律上的保护。荷花新品种的保护，获得植物新品种权，是一种知识产权保护制度。荷花新品种的国际登录是依托国际园艺协会，在世界范围内对某一类或种的植物品种进行核准和认定的方法。

## （一）荷花新品种登录

### 1. 品种国际登录的由来

品种国际登录，也称作品种、注册品种登记(Variety Registration)。国际园艺学会（International Society for Horticultural Science，ISHS）及所属的国际命名与登录委员会（Commission for Nomenclature and Registration）建立了栽培植物品种登录系统，并对符合国际栽培植物命名法则的品种进行登录。品种国际登录的主要意义在于：

① 对于育种者，育成的品种被登录就代表新品种正式发表，育成的品种及其特异性状将会获得育种界和学术界公认，在一定程度上可以保证育种者权益。

② 由于品种登录时，要求填报性状特征、谱系来源以及其他相关资料，这些等于建立了国际统一的品种档案材料，有利于作物新品种的研究推广与交流生产。

③ 植物新品种的命名必须严格遵守最新版本《国际栽培植物命名法则》的规定，从而使得各国的园艺植物品种名称趋于规范化，标准化，保证品种的准确性和权威性。

④ 将不同的植物品种纳入国际登录体系的管理之下，可以促进全球各国科研教学单位、专业协会（学会）以及种子种苗公司和生产者之间的交流，并深化在园艺植物新品种选育与应用方面的合作。

在国际登录方面，取得某类栽培植物品种国际登录的专业机构为权威机构，从事该项登录的专业技术专家为权威专家或者登录权威。获得某种花卉的登录权，就意味着拥有了该种花卉的新品种的鉴别认定、命名、发布的权利，在该领域也就有了国际话语权。同时，国际登录的植物也就有了“国际身份证”。

目前，全世界有 70 多家单位或协会机构负责不同属或种的栽培植物的品种登录工作。

其中中国有 11 家。当今世界流行的大多数花卉已有了国际品种登录权威。1999 年 11 月国际园艺学会命名与登录委员会首次授权中国花卉协会梅花、蜡梅分会，作为梅品种国际登录机构；2004 年 12 月，中国花卉协会桂花分会又获得了授权，成为木樨属植物栽培品种的国际登录机构；2010 年 4 月在国际睡莲水景园艺协会（International Waterlily Water Gardening Society，IWGS）的建议下，国际园艺协会授权中国科学院华南植物园的田代科研究员（现任职上海辰山植物园）负责莲属植物的登录工作。这是我国负责国际栽培植物的品种登录的第三个研究者。据不完全统计，到目前为止，中国已有梅花、木樨属、莲属、茶花、竹类、姜花属、海棠、蜡梅、枣、猕猴桃、秋海棠等植物的国际登录权威。

2. 荷花品种国际登录的历史与现状[1]

① 1998 年国际园艺学会授权国际睡莲水景园艺协会（IWGS）同时负责睡莲属和莲属的品种登录工作，负责人是 Philip R. Swindells（1945—2007）。

② 2005 年莲属国际登录工作由 Philip R. Swindells 转交给美国加利福尼亚的 Virginia Hayes 负责开展。

③ 2008 年美国奥本大学（Auburn University）Ken Tilt 教授成为第三任莲属国际登录负责人，随后 Tilt 教授制定了新的莲属登录表。同年 8 月 20 日奥本大学田代科博士培育的‘粉唇’（*Nelumbo* ‘Pink Lips’）成为第一个登录品种（图 10–1），实现荷花国际登录零突破。

**THE INTERNATIONAL REGISTRATION CERTIFICATE OF NEW CULTIVAR FOR *NELUMBO***

This is to certify that **Tian Daike** has officially registered the cultivar:

***Nelumbo nucifera* 'Pink Lips'**

All provisions, rules and recommendations of the International Code of Nomenclature for Cultivated Plants 2009 have been satisfied in the registration process.

Registered: 20-August-2008

**The International Waterlily and Water Gardening Society**

IWGS President
James K. Purcell
James K. Purcell

Auburn University
International Nelumbo Registrar
Ken M. Tilt

图 10–1 ‘粉唇’国际登录证书

[1]：引自田代科《荷花品种国际登录的历史、现状和未来思考》、国际荷花网和上海辰山植物园公众号。

④ 2010 年 3 月 3 日由中国科学院华南植物园田代科博士在广州发现的千瓣莲类型新品种‘至尊千瓣’（*N. nucifera* ‘Zhizun Qianban’）完成登录（图 10–2），成为世界第三个、中国第一个国际登录的荷花品种。

**THE INTERNATIONAL REGISTRATION CERTIFICATE OF NEW CULTIVAR FOR *NELUMBO***

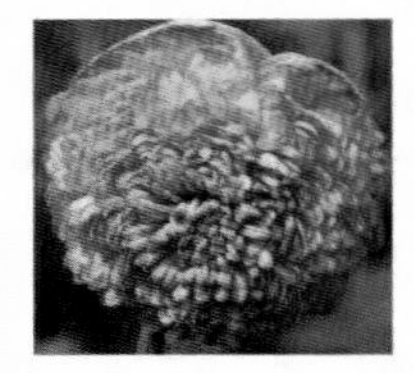

This is to certify that Tian Daike has officially registered the cultivar:

***Nelumbo nucifera*‘Zhizun Qianban’（‘至尊千瓣’）**

All provisions, rules and recommendations of the International Code of Nomenclature for Cultivated Plants 2009 have been satisfied in the registration process.

Registered: 03-March -2010

**The International Waterlily and Water Gardening Society**

IWGS President
James K. Purcell
James K. Purcell

Auburn University
International Nelumbo Registrar
Ken M. Tilt

图 10–2　‘至尊千瓣’国际登录证书

⑤ 2010 年国际园艺学会任命中国科学院华南植物园田代科博士为莲属植物栽培品种国际登录第四任负责人，这是自梅花、桂花（木樨属）之后第三类由中国学者负责的植物国际登录工作。随后，田代科完成了荷花国际登录表的修订。

⑥ 2011 年 7 月 25 日在青岛召开了国际睡莲水景园艺协会 2011 学术研讨会，会议上国际睡莲水景园艺协会主席 Jim Purcell 和荷花国际登录负责人田代科博士给首批登录的 4 个荷花品种颁发了证书。

⑦ 2012 年 11 月 10 日越南的 *Nelumbo nucifera* ‘Tay Ho’ 成为全球首个登录的子莲品种。

⑧ 2013 年国际荷花网及在线国际登录系统建成，极大促进了荷花登录工作。

⑨ 2013 年 11 月 22—24 日首届荷花育种及国际登录研讨会（The 1st Symposium on Lotus Breeding and International Nelumbo Registration）于中国科学院上海辰山植物科学研究中心 / 上海辰山植物园召开。

⑩ 2015 年 11 月 2—4 日第二届荷花栽培育种及国际登录研讨会在杭州市召开。

⑪ 2015 年 11 月 20 日浙江金华农业科学院培育的‘初平芙蓉’（*Nelumbo nucifera* ‘Chuping Furong’）成为首个国际登录的子莲、花莲兼用型品种。

⑫ 2016 年 10 月上海辰山植物园荷花资源圃获国际睡莲水景园艺协会认证成为国际莲属资源圃，并同时入选首批中国花卉种质资源库，有力推动了荷花育种和登录工作。

⑬ 2017年10月19—21日由江苏省中国科学院植物研究所和南京农业大学共同承办的“第三届荷花栽培育种及国际登录学术研讨会”在南京顺利召开。

⑭ 2017 年 11 月 8 日莲属植物栽培品种国际登录专家委员会成立。成员为陈煜初、丁跃生、李鹏飞、刘艳玲、刘义满、田代科、王亮生、魏英辉、谢克强、曾宪宝。田代科为负责人，黄国振为顾问，刘凤栾为秘书。

⑮ 2018 年全年登录莲属植物品种创新高，共有来自中国和印度的 18 个单位或个人提交了 65 份品种登录申请材料，通过严格审核，其中 41 个品种获得登录，其中包括上海辰山植物园培育的 10 个新品种。

⑯ 2019 年 10 月 16 日武汉市园林科学研究所申请的‘佛手观音’（*Nelumbo*‘Foshou Guanyin’）成为首个国际登录的荷花“老品种”。

2019 年登录的‘辰山飞燕’（图 10–3）由辰山植物园观赏植物课题组辐射处理微山湖的野生红莲的莲子培育而成。

图 10–3　辰山飞燕

### 3. 国际荷花登录的流程

国际荷花登录的流程近似一个新物种的投稿发表。申请登录者既可以是单位，也可以是个人，通常为新品种培育者。申请者应该按照《国际莲属登录表》的要求及填表指导意见，严格填写相关数据信息（包括品种名称及其含义、培育历史、生物学性状等），并提供一组清晰度较高的照片，将这些资料通过在线登录系统或电子邮件提供给登录负责人审核。登录负责人审核相关材料后，反馈给申请者进行修改和完善，有时这一过程需要反复修改确认。申请登录的品种和相关资料符合登录标准后，负责人给予批准，颁发证书，并整理相关信息撰文在相关期刊（莲属登录当前指定为国际睡莲水景园艺协会官方杂志 *Waterlily Garden Journal*）上发表后才算正式生效。此外，登录权威机构督促登录负责人每年向国际园艺协会栽培植物命名与登录委员会提交工作进展报告。

**（1）哪些品种符合国际登录条件？**

理论上讲，任何一个新的栽培品种都可以取一个新的名字进行国际登录。但是，品种有好有坏，那些没有多大市场潜力，也无科研和文化价值的“品种”，即使登录了一个正式名称，由于其价值低，也很容易被市场淘汰而无法保存和传承，这样的品种实际上登录的价值不大，反而增加不必要的工作量。除了新品种，原有的老品种也可按照国际登录的要求进行名称登录，不符合要求的名字需要修订发表。

**（2）如何给一个新品种正确命名？**

提交登录资料时，必须要给一个新品种合理合法的名称，要符合最新版本的《国际栽培植物命名法规》要求和规定，如：品种名必须不能重复；名称不能全部用数字；字符不能超过规定的长度；不能用夸大其实的词语（如最高、最大、最小、最美等形容词）；不能含有污蔑性、歧视性和误导性词汇等。

**（3）登录需要注意哪些主要事项？**

新品种登录需要注意的事项：一是新品种必须至少连续观察三年，其性状稳定后方可考虑申请登录。二是登录数据记录一定要科学、准确、完整。三是所提供的照片要符合质量要求，即同时具有代表性和清晰度。四是品种名称要符合《国际栽培植物命名法规》。五是育种者不宜写过多，通常不超过两个人或单位。

## （二）荷花新品种的认定

2022 年 3 月 1 日起实施的新的《中华人民共和国种子法》第 15 条规定：“国家对主要农作物和主要林木实行品种审定制度。”莲属为草本水生植物，由农业农村部负责品种管理。品种审定是由国家级、省（区、市）级以及部分由省级授权的地市级农作物品种或林木品种审定委员会对新育成的或者新引进的农林植物品种通过实验示范，进行区域化鉴定，按规定程序进行审查,决定该品种是否推广,并确定推广范围的过程。品种审定委员会一般挂靠在种子管理机关。农业农村部规定稻、小麦、玉米、棉花、大豆5种主要农作物类必须通过国家级或省级审定,对于非主要农作物类,则实行品种登记制度。而花卉类的园艺作物几乎没有一种被列入强制性审定范围内。目前农业农村部的第一批29种非主要农作物登记名单中也没有花卉类品种。各省、市自治区对花卉的品种管理也不尽相同,目前江苏省采用的是认定制度。

观赏荷花新品种育种工作者既可以申请各级品种审定委员会组织鉴评、认定,也可以通过各级科技主管部门组织专家鉴定成科技成果。江苏省荷花新品种认定,参考《江苏省非主要农作物品种认定办法》。

## (三)荷花新品种保护

### 1. 品种保护的概况

植物品种保护(Protection for New Varieties of Plants, PVP)也称“植物育种者权利”,历史上曾作为专利保护制度的一个分支,是农牧业和林业领域内最重要的知识产权保护制度之一。《民法典》规定:“民事主体依法享有知识产权。知识产权是权利人依法就下列客体享有的专有权利:作品;发明、实用新型、外观设计;商标;地理标志;商业秘密;集成电路布图设计;植物新品种;法律规定的其他客体。”植物新品种保护是国际间公认的对植物品种进行管理的重要内容之一。它是由国家立法机构制定法律法规,授权政府的对口部门包括审批、测试和执法机关等来实施完成的。

植物新品种保护制度起源于西方发达国家。1930年,美国颁布了历史上最早的《植物专利法》,将无性繁殖的品种(块茎植物除外)纳入了专利保护的范畴,并于1931年8月18日受理了第一个植物专利。为了推动植物新品种保护的国际化,1957年5月,法国邀请保护知识产权联合国际局(BIRPI)、联合国粮食及农业组织(FAO)、欧洲经济合作与发展组织(OECE)3个国际组织和12个国家在法国召开了第一次植物新品种保护大会。此后,在法国政府的积极推动下,第二次会议于1961年12月2日召开,并签署了《国际植物新品种保护公约》,简称UPOV公约。该公约于1968年8月10日生效,从此植物新品种保护进入了国际化发展阶段。UPOV公约分别于1972年、1978年、1991年在日内瓦经过了三次修订,形成UPOV公约为1961 / 1972年补充修改文本、1978年文本和1991年文本。在《国际植物新品种保护公约》的77个成员中,有58个加入了1991年文本,17个为1978年文本成员。我国于1999年4月23日加入了《国际植物新品种保护公约》1978年文本,成为《国际植物新品种保护公约》第39位成员国。

### 2. UPOV 公约文本的主要区别

现行的《国际植物新品种保护公约》主要有两个文本,即1978年文本和1991年文本。与1978年文本相比,1991年文本对植物品种权保护的范围更广,保护水平更高,加入的条件也更为严格，更加顺应科学技术进步和社会发展需求，更加充分、有效地保护了育种者权益。

从目前形势上看，UPOV 公约文本 1991 年文本为多数成员国所选用。我国目前实行的是 1978 年文本。随着我国植物新品种权制度的进一步完善，2019 年 7 月 17 日，国务院常务会决定对《植物新品种保护条例》进行修订；2021 年 8 月 17 日，十三届全国人大常委会第三十次会议审议了全国人大农业与农村委员会关于提请《中华人民共和国种子法》（以下简称《种子法》）修正草案的议案，2021 年 12 月 24 日十三届全国人大常委会第三十二次会议通过，2022 年 3 月 1 日起施行。从修正的《种子法》和 2021 年 7 月 7 日施行的《关于审理侵害植物新品种权纠纷案件具体应用法律问题的若干规定（二）》内容来看，对植物新品种保护的理解与司法实践与 UPOV 公约 1991 年文本的要求相似，甚至有些要求高于 1991 年文本。UPOV 公约 1978 年与 1991 年文本对比详见表 10–1。

表 10–1　UPOV 公约文本对比

| 比较项目 | UPOV1978 年文本 | UPOV1991 年文本 |
| --- | --- | --- |
| 品种生产权保护的变化 | 品种权人只能排斥他人未经许可并以商业销售为目的的权利，而非商业销售目的的生产，品种权人无权干涉 | 不再区分是否以商业销售还是自由播种为目的，凡未经品种权人许可的生产都属于违法行为 |
| 品种权保护客体范围的变化 | 品种权保护的客体包括有性或无性繁殖材料，至于是否保护繁殖材料的收获物以及最终产品，并没有明确，只是原则性地规定成员国可以给予育种者大于公约规定的品种权 | 由未经授权使用受保护品种的繁殖材料而获得的收获材料，应得到育种者授权，但育种者对繁殖材料已有合理机会行使其权利的情况例外；由未经授权使用受保护品种的收获材料直接制作产品时，应得到育种者授权，但育种者对该收获材料已有合理机会行使其权利的情况例外 |
| 保护品种范围变化 | 繁殖材料 | 繁殖材料、收获材料、直接加工品（包括派生品种） |
| 受保护品种繁殖材料有关活动范围的变化 | 排斥他人的销售行为 | 除法律对品种权的限制及品种权用尽外，未经品种权人的授权，他人不得从事与繁殖材料有关的生产或繁殖、销售、进出口的存储等活动，包括进出口权、存储权 |
| 品种权保护期限的变化 | 一般品种权保护期限不少于 15 年；藤本植物（林木、果树和观赏树木）保护期限不少于 18 年 | 一般品种权保护期限不少于 20 年，藤本植物（林木、果树和观赏树木）保护期限不少于 25 年 |

3. 荷花新品种权的申请

根据《植物新品种保护条例》（以下称《条例》）第三条的规定，农业农村部根据职责分工负责农业植物新品种权申请的受理和审查并对符合《条例》规定的农业植物新品种授权。农业农村部于《条例》颁布当年设立农业植物新品种保护办公室及其业务受理大厅，第二年建立植物新品种测试中心，随后开发了农业植物新品种权在线申请平台，实现了网上申请和审查。农业农村部科技发展中心作为农业农村部植物新品种保护办公室业务受理大厅和农业农村部植物新品种测试中心挂靠单位，承担了农业植物新品种的受理、审查、测试等工作。2010 年，荷花（莲属）被列入发布的《中华人民共和国农业植物品种保护名录（第八批）》。至此，我国荷花新品种权申请大门正式开启。2015 年，农业部发布实施了农业行业标准《植物新品种特异性、一致性和稳定性测试指南 莲属》（NY/T 2756—2015）。2020 年 4 月，湖南岳阳建成农业农村部植物新品种测试岳阳分中心水生植物测试基地，负责包括莲属植物在内的水生植物新品种测试。2019 年 1 月 31 日，由江苏省中国科学院植物研究所与南京艺莲苑花卉有限公司共同选育的观赏荷花新品种‘金叠玉’，获得了观赏荷花的第一个新品种权证（品种权号：CNA6651.0）。

#### 4. 荷花新品种权的审批程序

申请观赏荷花植物品种权的品种应当具备莲属 DUS，DUS 测试是品种管理的基本技术依据。中国境内的单位和个人申请荷花（莲属）新品种权的，可以直接或者委托中介服务机构向农业农村部植物新品种保护办公室申请。申请文件以纸质文件为主，随着网络信息化的高速发展，农业农村部植物新品种保护办公室，也开通了农业品种权申请系统网上申报。具体路径是：农业农村部网站→政务服务→品种管理→农业植物新品种授权。农业植物新品种保护的其他相关信息，如保护名录、品种权公告等，可访问农业农村部科技发展中心网站。

荷花新品种权申请文件包括：按要求填写品种权申请请求书、说明书、品种照片等材料。提交的各种文件应当用中文书写，并采用国家统一规定的科学技术术语和规范用词。农业农村部植物新品种保护办公室，对符合规定的品种权申请予以受理，给予申请号。自受理品种权申请之日起 6 个月内完成初步审查，对经初步审查合格的品种权申请予以公告；对经初步审查不合格的品种权申请，通知申请人在 3 个月内陈述意见或者予以修正。

完成初步审查后，农业农村部植物新品种保护办公室会对材料进行实质审查，并委托指定的测试机构对荷花品种进行特异性、一致性和稳定性的测试（DUS 测试）。送测试的荷花新品种应提供 20 支种藕作为繁殖材料，并提供 20 支近似品种种藕，送往农业农村部植物新品种测试岳阳分中心水生植物测试基地，由该分中心负责进行为期两个生长周期的 DUS 测试。

经过两个生长周期（2 年）实质性审查测试后，对符合《植物新品种保护条例》中规定的荷花新品种，农业农村部作出授予品种权的决定并予以登记和公告，颁发植物品种权证书。

#### 5. 品种权的法律特点

品种权和其他知识产权一样，作为智力劳动成果，是看不见摸不着的。由于品种权是无形资产，权利人无法直接占有知识产权，只能通过对知识产权载体的控制达到独占目的。品种权的价值，要通过实施或使用才能得到体现。

① 独占性，又称专有性、排他性和垄断性。独占性是品种权的核心，没有品种权的独占性就没有植物新品种权的保护制度。

② 地域性，依照某一特定国家或地区的法律产生或者取得的品种权，只在该国法律效力所及的范围内有效，除此以外的其他国家和地区不会受到同样的保护。如在中国申请获得的品种权，只在中国境内才具有法律效力。

③ 时效性，权利人对其品种权客体所享有的专有权利是有时间限制的，超过这一期限，该品种权就会过期失效。观赏荷花品种权的保护期限为 15 年。

6. 品种权人的权利

**（1）生产和使用的权利**

生产和销售权是品种权人拥有的一种专有权利。植物新品种权人有权生产或繁殖授权品种的繁殖材料，并禁止他人未经其许可生产或繁殖受保护品种。任何人未经权利人同意或授权许可擅自销售授权品种权繁殖材料的，无论其来源，均属于侵权行为。使用权也是一种品种权人的专有权利，受法律保护。品种权人具有对授权品种的使用、支配与处置权。未经植物品种权人的许可，任何人不得以商业为目的，将该授权品种的繁殖材料重复使用于生产另一品种的繁殖材料。荷花的种子、种藕既可以作为繁殖材料，也可以作为食物。将授权品种的种藕、种子作为繁殖材料属于侵权，而将该品种种子、种藕作为食物则不构成侵权。

**（2）追偿权**

追偿权也叫品种权临时保护。品种权被授予后，在自初步审查合格公告之日起至被授予品种权之日止的期间，未经申请人许可，以商业为目的的生产或者销售该品种的繁殖材料的单位和个人，品种权人享有追偿的权利。

**（3）标记权**

标记权是指品种权人有在自己生产的授权品种包装上标明与授权品种相关的标记、信息的权利，有助于区别其他同类品种，使得权利人的授权品种在激烈竞争的种苗市场上更具竞争力。

## （四）荷花品种国际登录、品种认定与新品种保护的区别

品种国际登录是在国际范围内对一个新品种的权威性的学术上的认可，是保证品种在该类植物中名称一致性、准确性和稳定性的技术体系，属于学术研究范畴的自愿行为，方便国内、国际同行之间的交流与合作。国际登录如发生权属纠纷和侵权行为时，无法进行诉讼，在法律上缺乏约束性。荷花进行国际登录时，不需要专门的检测或验证机构对该新品种进行测试，育种

人只需按照国际登录要求的材料和图片进行书面申报,由登录权威对材料进行审查。品种认定或鉴定属于种业管理范畴,是针对非主要农作物的一种管理方式,其目的是得到当地农业主管部门推广应用准入许可,促进优良品种在该区域的推广应用。品种认定或鉴定不是强制性要求,是育种人根据需要,自愿申请的行为。新品种保护本质特征是对申请人知识产权的保护。品种权人权益受到侵害时,可通过两条路径对品种权保护:一是行政保护,是指品种权行政管理部门(各地县以上的农业农村局)根据《中华人民共和国种子法》《植物新品种保护条例》等相关法律法规的规定,运用行政权力,按照法定的程序,采用行政执法手段对品种权进行保护。二是司法保护,是指由司法机关根据有关法律和行政法规的规定,对当事人之间产生的纠纷、争议作出裁决并以执行,维护品种权人合法权益的行为。

# 十一、观赏荷花新品种介绍

# （一）申请植物新品种权的品种

## 1. 已获植物新品种权品种

**（1）‘金叠玉’（品种权号：CNA20160651.0）**

‘金叠玉’（图 11–1）2013 年由江苏省中国科学院植物研究所与南京艺莲苑花卉有限公司联合选育。育种方法为实生选种，母本为‘金太阳’。

大株型，立叶高 84~121 cm，叶径（30.5~46）cm×（21~38）cm，花高 109~153 cm。花期中，约 6 月 10 日始花，群体花期长。着花较密，单盆（口径 460 mm）开花 7~8 朵；花蕾阔卵形，黄绿色；花高于立叶，花态叠球状；重瓣至重台型，花瓣数 229~275，花径 20~29 cm，最大瓣 14 cm×10 cm，最小瓣 6.2 cm×2 cm；最外层花瓣黄绿色（Yellow–Green 144B）*，内层花瓣瓣尖淡黄绿色（Green–Yellow 1D），基部淡黄色（Green–Yellow 1B)。雄蕊数 175~192，部分瓣化，雄蕊附属物乳白色，花药深黄色，花丝淡黄色。雌蕊泡状，心皮 12~19 枚。青熟花托侧面黄绿色（Yellow–Green 144B），倒圆锥状。

与母本‘金太阳’相比较，‘金叠玉’株型更加高大挺拔，花瓣数增加，花态显得更为饱满，花色从浅黄色变为黄绿色。同近似品种‘友谊牡丹’莲相比，‘金叠玉’花色更深且偏绿色，‘友谊牡丹’莲为淡黄色；‘友谊牡丹’莲为重瓣型品种，易结实，‘金叠玉’为重瓣至重台型，雄蕊瓣化基本不结实；‘友谊牡丹’莲花态较为舒展，‘金叠玉’开放初期，花朵外瓣合抱，外观似黄绿色苹果。

‘金叠玉’在 2016 年获得国际品种登录证书，荣获 2019 年中国北京世界园艺博览会中国省（区、市）室内展品竞赛银奖，荣获 2021 年第十届中国花卉博览会展品类（盆栽植物）金奖（图 11–2）。

* 描述颜色时，中文描述为实际观察颜色，英文为使用英国皇家园艺学会比色卡进行比色后的颜色记录。在实际应用过程中，二者表述可能存在差别。

图 11–1　金叠玉

植物新品种权证书

品种名称：金叠玉

属或者种：莲

品种权人：江苏省中国科学院植物研究所
南京艺莲苑花卉有限公司

培育人：姚东瑞 刘晓静 李乃伟 常雅军
杜凤凤 石 凝 丁跃生 童兆琴

品种权号：CNA20160651.0

申请日：2016年4月27日

授权日：2019年1月31日

证书号：第 2019012558 号

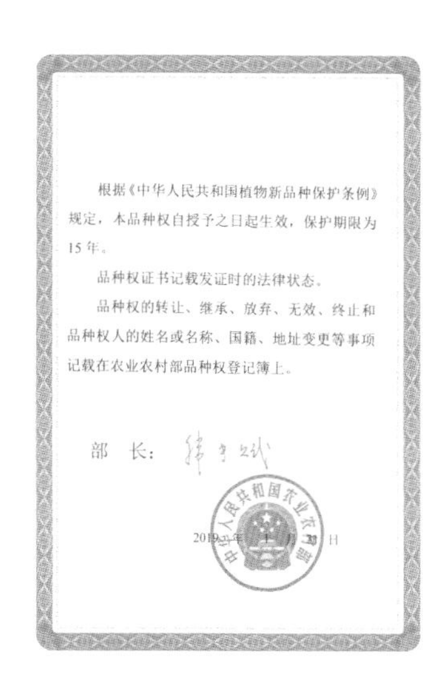

根据《中华人民共和国植物新品种保护条例》规定，本品种权自授予之日起生效，保护期限为15年。

品种权证书记载发证时的法律状态。

品种权的转让、继承、放弃、无效、终止和品种权人的姓名或名称、国籍、地址变更等事项记载在农业农村部品种权登记簿上。

部 长：

2019年中国北京世界园艺博览会

INTERNATIONAL HORTICULTURAL EXHIBITION 2019 BEIJING CHINA

获奖证书

CERTIFICATE OF AWARD

南京艺莲苑花卉有限公司的盆花展品

荷花‘金叠玉’

荣获2019年中国北京世界园艺博览会

中国省（区、市）室内展品竞赛 银奖

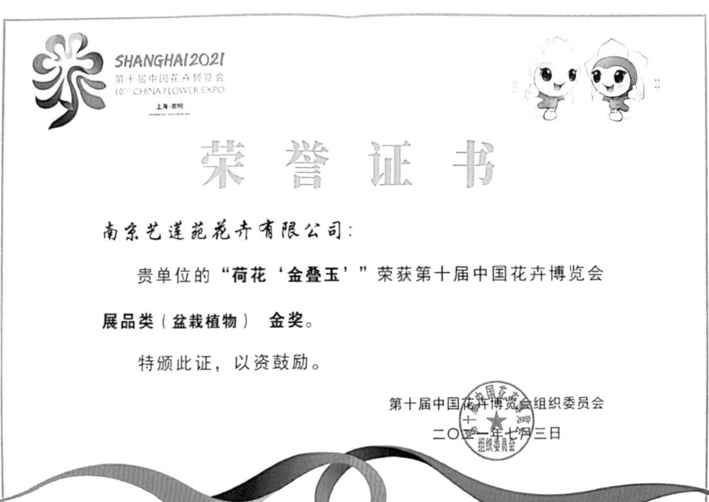

SHANGHAI2021
第十届中国花卉博览会
10TH CHINA FLOWER EXPO

荣誉证书

南京艺莲苑花卉有限公司：

贵单位的“荷花‘金叠玉’”荣获第十届中国花卉博览会展品类（盆栽植物） 金奖。

特颁此证，以资鼓励。

第十届中国花卉博览会组织委员会

二〇二一年七月三日

THE INTERNATIONAL REGISTRATION CERTIFICATE OF NEW CULTIVAR FOR *NELUMBO*

IWGS

This is to certify that Dongrui YAO, Xiaojing LIU, Fengfeng DU, Yajun CHANG and Naiwei LI from Institute of Botany, Jiangsu Province and Chinese Academy of Sciences and Yuesheng DING from Nanjing Yileen Water Garden Co., Ltd. have officially registered the cultivar:

*Nelumbo nucifera* 'Jin Dieyu'（‘金叠玉’）

All provisions, rules and recommendations of the 9th edition (2016) of the International Code of Nomenclature for Cultivated Plants have been satisfied in the registration process.

Registered: 15-December-2016

The International Waterlily and Water Gardening Society

Chenshan Plant Science Research Center of Chinese Academy of Sciences

Shanghai Chenshan Botanical Garden

International Nelumbo Registrar

No. 0057

图 11-2 ‘金叠玉’相关证书

**（2）‘古都绛房’（品种权号：CNA20183362.2）**

‘古都绛房’（图 11–3）2015 年由南京艺莲苑花卉有限公司与江苏省中国科学院植物研究所联合选育。育种方法为实生选种，母本为‘摄山丹叶’。

小株型，立叶高 15~26 cm，叶径（16~21）cm ×（20~25）cm，花高 30~32 cm。花期早，约 6 月 1 日始花，群体花期长。着花较密，单盆（口径 460 mm）开花 6~7 朵；花蕾卵形，深紫红色；花显著高于立叶，花态碗状；少瓣型，花瓣数 17~18，花径 13~15 cm，最大瓣 7.2 cm × 3.5 cm，最小瓣 5.3 cm × 2 cm；花深紫红色（Red–Purple 64B），基部淡黄色（Yellow 6D）。雄蕊数约 158，无瓣化，雄蕊附属物深紫红色，花药深黄色，花丝淡黄色。雌蕊正常，心皮 13~18 枚。青熟花托侧面黄绿色（Yellow–Green 144C），扁圆形。

该品种观赏性佳，花色艳丽，花态碗状，株型小，花期长，着花整齐，适宜做盆花。与母本‘摄山丹叶’相比，该品种花色更深，为深紫红色，雄蕊附属物也为深紫红色；花态更加规整、别致。

‘古都绛房’在 2021 年荣获第十届中国花卉博览会科技成果类（新品种研发）铜奖（图 11–4）。

图 11-3　古都绛房

植物新品种权证书

品种名称：古都绛房

属或者种：莲

品种权人：南京艺莲苑花卉有限公司
江苏省中国科学院植物研究所

培育人：丁跃生　刘晓静　姚东瑞　杜凤凤　彭　英　曹先定　童兆琴　谢　蕾　童　梅

品种权号：CNA20183362.2

申请日：2018 年 10 月 20 日

授权日：2020 年 7 月 27 日

证书号：第 2020015162 号

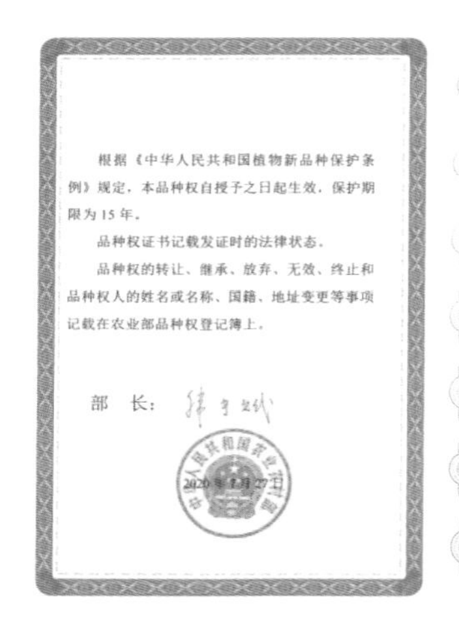

根据《中华人民共和国植物新品种保护条例》规定，本品种权自授予之日起生效，保护期限为 15 年。

品种权证书记载发证时的法律状态。

品种权的转让、继承、放弃、无效、终止和品种权人的姓名或名称、国籍、地址变更等事项记载在农业部品种权登记簿上。

部　长：

2020 年 7 月 27 日

SHANGHAI 2021
第十届中国花卉博览会
10TH CHINA FLOWER EXPO

荣誉证书

南京艺莲苑花卉有限公司：

贵单位的“荷花‘古都绛房’”荣获第十届中国花卉博览会科技成果类（新品种研发）铜奖。

特此颁证，以资鼓励。

第十届中国花卉博览会组织委员会

二零二一年五月

图 11-4　‘古都绛房’相关证书

**（3）‘绛罗袍’（品种权号：CNA20183363.1）**

‘绛罗袍’（图 11-5）2015 年由南京艺莲苑花卉有限公司与江苏省中国科学院植物研究所联合选育。育种方法为实生选种，母本为‘子夜’。

图 11-5 绛罗袍

中株型，立叶高 38~55 cm，叶径（22~32）cm×（29~39.5）cm，花高 59~73 cm；花期早，约 5 月 30 日始花，群体花期长。着花密，单盆（口径 460 mm）开花 8~9 朵；花蕾阔卵形，深紫红色；花显著高于立叶，花态碗状；重瓣型，花瓣数 82~96，花径 11~13 cm，最大瓣 6.8 cm×5.7 cm，最小瓣 4 cm×1.1 cm；花深紫红色（Red-Purple 60C），基部淡黄色（Yellow 3C）。雄蕊数约 218，部分瓣化，雄蕊附属物紫红色，花药深黄色，花丝淡黄色。雌蕊正常，心皮 13~22 枚。青熟花托侧面黄绿色（Yellow-Green N144A），扁圆形。能结实，种子大小约 1.6 cm×1.1 cm。

该品种观赏性佳，花态碗状，花瓣紧凑、近不展开，形似苹果，适合做盆花。与母本‘子夜’相比，该品种花色更深，为深紫红色，且雄蕊附属物红色，花量更大且整齐。

‘绛罗袍’在 2020 年第三十四届（广州番禺）全国荷花展览中，荣获大、中型荷花新品种评比三等奖；2021 年度荣获第十届中国花卉博览会科技成果类（新品种研发）铜奖，荣获第十届花卉博览会展品类（盆栽植物）铜奖（图 11-6）。

植物新品种权证书

品种名称：绛罗袍

属或者种：莲

品种权人：南京艺莲苑花卉有限公司
江苏省中国科学院植物研究所

培育人：丁跃生 刘晓静 姚东瑞 杜凤凤 彭 英 曹先定 秦兆琴 谢 蕾 秦 梅

品种权号：CNA20183363.1

申请日：2018 年 10 月 20 日

授权日：2020 年 7 月 27 日

证书号：第 2020015163 号

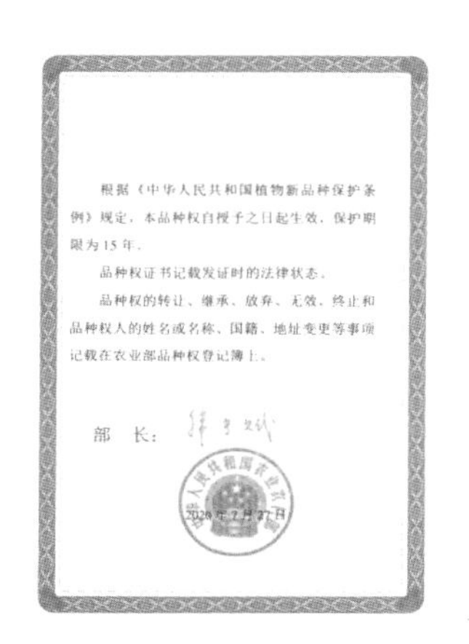
根据《中华人民共和国植物新品种保护条例》规定，本品种权自授予之日起生效，保护期限为 15 年。

品种权证书记载发证时的法律状态。

品种权的转让、继承、放弃、无效、终止和品种权人的姓名或名称、国籍、地址变更等事项记载在农业部品种权登记簿上。

部　长：

2020 年 7 月 27 日

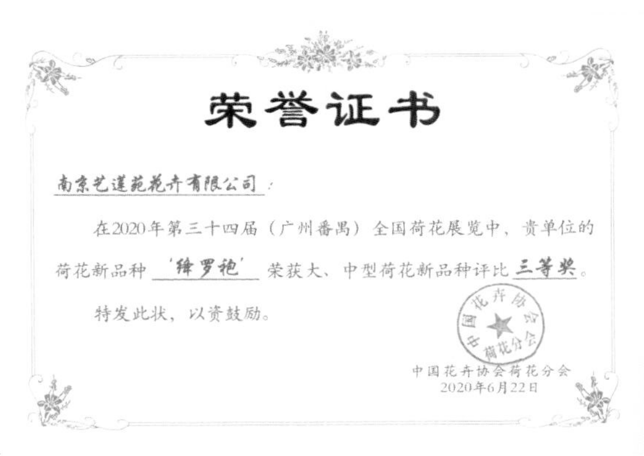
荣誉证书

南京艺莲苑花卉有限公司：

在2020年第三十四届（广州番禺）全国荷花展览中，贵单位的荷花新品种‘绛罗袍’荣获大、中型荷花新品种评比三等奖。

特发此状，以资鼓励。

中国花卉协会荷花分会
2020年6月22日

SHANGHAI2021
第十届中国花卉博览会
10th CHINA FLOWER EXPO

荣誉证书

南京艺莲苑花卉有限公司：

贵单位的“荷花‘绛罗袍’”荣获第十届中国花卉博览会科技成果类（新品种研发）铜奖。

特此颁证，以资鼓励。

第十届中国花卉博览会组织委员会
二零二一年五月

SHANGHAI2021
第十届中国花卉博览会

荣 誉 证 书

南京艺莲苑花卉有限公司：

贵单位的“荷花‘绛罗袍’”荣获第十届中国花卉博览会展品类（盆栽植物）铜奖。

特颁此证，以资鼓励。

第十届中国花卉博览会组织委员会
二〇二一年七月三日

图 11-6　‘绛罗袍’相关证书

**（4）‘柳腰莲脸’（品种权号：CNA20183366.8）**

‘柳腰莲脸’（图 11-7）2015 年由江苏省中国科学院植物研究所与南京艺莲苑花卉有限公司联合选育。育种方法为实生选种，母本为‘伯里公主’。

图 11–7　柳腰莲脸

小株型，立叶高 26~45 cm，叶径（16~21）cm×（19~26）cm，花高 34~62 cm；花期早，约 5 月 28 日始花，群体花期长。着花密，单盆（口径 460 mm）开花 7~13 朵；花蕾窄卵形，黄绿色，尖部红色；花显著高于立叶，花开第 1 天花色深（橙粉色）、形似酒杯状，盛开后变淡、飞舞状；少瓣型，花瓣数 13~17，花径 9~18 cm，最大瓣 10.5 cm×6.3 cm，最小瓣 8 cm×2.5 cm；花基部淡黄色（Yellow 3C），瓣尖紫粉色（Red 54B）。雄蕊数约 164，正常，雄蕊附属物乳白色，花药深黄色，花丝淡黄色。雌蕊心皮 6~8 枚。青熟花托侧面绿黄色（Yellow–Green 150C）；倒圆锥状。种子椭圆形，大小 1.8 cm×1.2 cm。

该品种观赏性佳，初开酒杯状，盛开飞舞状，小株型、着花密。与母本‘伯里公主’相比，该品种花型更加飘逸、别致，且花色突出，初开橙粉色，盛开后变淡，基部橙黄、瓣尖粉色，花量较母本更大。

‘柳腰莲脸’的品种权证书详见图 11–8。

PVP

植物新品种权证书

品种名称：柳腰莲脸

属或者种：莲

品种权人：江苏省中国科学院植物研究所
南京艺莲苑花卉有限公司

培育人：姚东瑞 杜凤凤 刘晓静 常雅军 丁跃生 童兆琴 曹先定 谢 蕾 童 梅 彭 英

品种权号：CNA20183366.8

申请日：2018 年 10 月 20 日

授权日：2020 年 7 月 27 日

证书号：第 2020015166 号

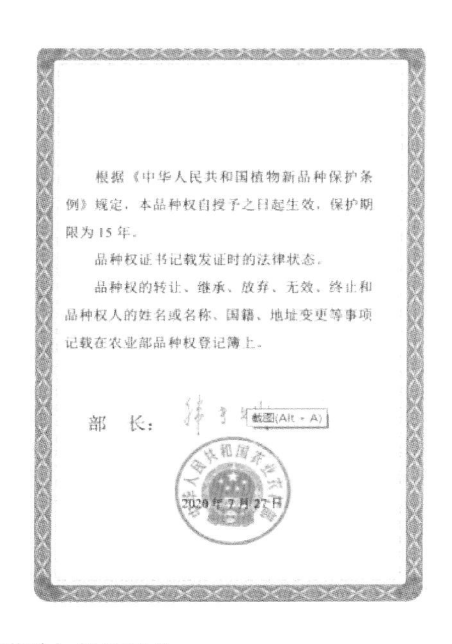
根据《中华人民共和国植物新品种保护条例》规定，本品种权自授予之日起生效，保护期限为 15 年。

品种权证书记载发证时的法律状态。

品种权的转让、继承、放弃、无效、终止和品种权人的姓名或名称、国籍、地址变更等事项记载在农业部品种权登记簿上。

部　长：

2020 年 7 月 27 日

图 11–8　‘柳腰莲脸’相关证书

**（5）‘石城火把’（品种权号：CNA20183680.7）**

‘石城火把’（图 11–9）2015 年由江苏省中国科学院植物研究所与南京艺莲苑花卉有限公司联合选育。育种方法为实生选种，母本为‘瑰丽’。

图 11-9　石城火把

大株型，立叶高 63~87 cm，叶径（20~25.3）cm ×（26~33）cm，花高 69~93 cm；花期中，约 6 月 21 日始花，群体花期长。着花较密，单盆（口径 460 mm）开花 5~7 朵；花蕾纺锤形，深紫红色；花高于伴生立叶，花态碗状；少瓣型，花瓣数 16~21，花径 13~19 cm，最大瓣 9 cm × 5.5 cm，最小瓣 8 cm × 3.5 cm；花深紫红色（Red-Purple 58A），基部淡黄色（Yellow 5D）。雄蕊数约 232，雄蕊附属物紫红色，尖白色，花药深黄色，花丝淡黄色。雌蕊正常，心皮 8~11 枚。青熟花托侧面黄绿色（Yellow-Green 150B），倒圆锥状。种子大小约 1.4 cm × 1.2 cm。

该品种观赏性佳，花瓣深紫红色，雄蕊附属物红色尖白色；花态碗状，花大而规整。与母本‘瑰丽’相比，该品种花色更深，且瓣脉明显，花瓣更加宽。

‘石城火把’在 2021 年度荣获第十届花卉博览会展品类（盆栽植物）铜奖（图 11-10）。

植物新品种权证书

品种名称：石城火把

属或者种：莲

品种权人：江苏省中国科学院植物研究所
南京艺莲苑花卉有限公司

培育人：常雅军 杜凤凤 姚东瑞 刘晓静 丁跃生 童兆琴 曹先定 谢蕾 童梅 彭英

品种权号：CNA20183680.7

申请日：2018 年 11 月 13 日

授权日：2020 年 7 月 27 日

证书号：第 2020015169 号

根据《中华人民共和国植物新品种保护条例》规定，本品种权自授予之日起生效，保护期限为 15 年。

品种权证书记载发证时的法律状态。

品种权的转让、继承、放弃、无效、终止和品种权人的姓名或名称、国籍、地址变更等事项记载在农业部品种权登记簿上。

部长：

2020 年 7 月 27 日

荣誉证书

南京艺莲苑花卉有限公司：

贵单位的“荷花‘石城火把’”荣获第十届中国花卉博览会展品类（盆栽植物） 铜奖。

特颁此证，以资鼓励。

第十届中国花卉博览会组织委员会

二〇二一年七月三日

图 11-10 ‘石城火把’相关证书

**（6）‘石城菊黄’（品种权号：CNA20183938.7）**

‘石城菊黄’（图 11-11）2015 年由南京艺莲苑花卉有限公司与江苏省中国科学院植物研究所联合选育。育种方法为实生选种，母本为‘石城翡翠’。

中株型，立叶高 24~32 cm，叶径（20~26）cm ×（22~29）cm，花高 45~53 cm；花期中，约 6 月 22 日始花，群体花期长。着花较密，花量 9~10 朵 /$m^2$；花蕾卵形，黄绿色；花显著高于立叶，花态碟状；重台型，花瓣数 86~124，花径 15~18 cm，最大瓣 10.7 cm × 5.3 cm，最小瓣 5.8 cm × 1 cm；花黄绿色（Green-Yellow 1D），基部黄色（Yellow 4B）。雄蕊数 74~76，部分瓣化，雄蕊附属物淡黄色，花药深黄色，花丝淡黄色大小。雌蕊泡状或瓣化，心皮 18~19 枚。青熟花托侧面黄绿色（Yellow-Green 154C）。

该品种观赏性佳，黄色重台型，花色较深，花态碟状。与母本‘石城翡翠’相比，该品种花更大，内层花瓣细碎、整齐，且最外层及部分雄蕊变瓣偏绿色，花态优美，观赏性佳。

‘石城菊黄’在 2020 年度第三十四届（广州番禺）全国荷花展览中，荣获大、中型荷花新品种评比一等奖；2021 年度荣获第十届中国花卉博览会科技成果类（新品种研发）金奖（图 11-12）。

图 11–11　石城菊黄

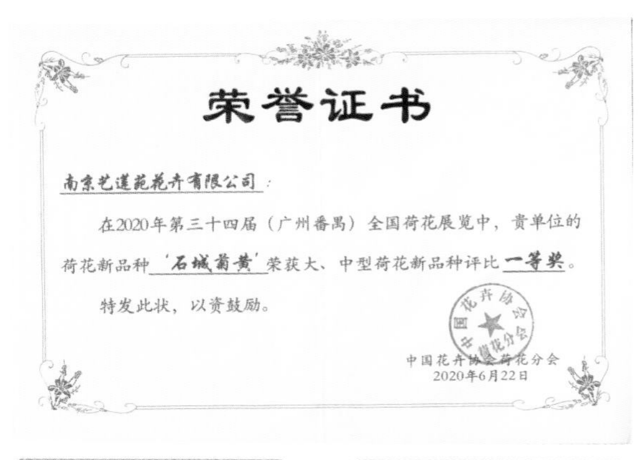

荣誉证书

南京艺莲苑花卉有限公司：

在2020年第三十四届（广州番禺）全国荷花展览中，贵单位的荷花新品种‘石城菊黄’荣获大、中型荷花新品种评比一等奖。

特发此状，以资鼓励。

中国花卉协会荷花分会
2020年6月22日

荣誉证书

南京艺莲苑花卉有限公司：

贵单位的“荷花‘石城菊黄’”荣获第十届中国花卉博览会科技成果类（新品种研发）金奖。

特此颁证，以资鼓励。

第十届中国花卉博览会组织委员会
二〇二一年五月

植物新品种权证书

品种名称：石城菊黄

属或者种：莲

品种权人：南京艺莲苑花卉有限公司
江苏省中国科学院植物研究所

培育人：丁跃生　姚东瑞　杜凤凤　刘晓静　彭　英　曹先定　童兆琴　谢　蕾　童　梅

品种权号：CNA20183938.7

申请日：2018年11月30日

授权日：2020年7月27日

证书号：第2020015173号

根据《中华人民共和国植物新品种保护条例》规定，本品种权自授予之日起生效，保护期限为15年。

品种权证书记载发证时的法律状态。

品种权的转让、继承、放弃、无效、终止和品种权人的姓名或名称、国籍、地址变更等事项记载在农业部品种权登记簿上。

部长：

2020年7月27日

图 11–12　‘石城菊黄’相关证书

**（7）'霞光焕彩'（品种权号：CNA20183469.4）**

'霞光焕彩'（图 11–13）2015 年由江苏省中国科学院植物研究所与南京艺莲苑花卉有限公司联合选育。育种方法为人工杂交，母本为'娃娃莲'，父本为'粉精灵'。

图 11-13　霞光焕彩

大株型，立叶高 67~82 cm，叶径（16~27）cm×（19~32）cm，花高 90~106 cm；花期早，约 5 月 31 日始花，群体花期长。着花密，单盆（口径 460 mm）开花 9~13 朵；花蕾窄卵形，桃红色；花显著高于立叶，花态杯状；半重瓣型，花瓣数 18~27，花径 14~17 cm，最大瓣 11 cm×5.5 cm，最小瓣（雄蕊变瓣）4.5 cm×1.1 cm；花瓣尖紫粉红色（Red-Purple 68A），中部粉色（Red-Purple 65C），基部黄色（Yellow 2C）。雄蕊数 148~172，有 1~2 枚瓣化，雄蕊附属物乳白色，花药深黄色，花丝淡黄色。雌蕊心皮 7~15 枚；种子卵圆形，大小约 1.5 cm×2 cm。

该品种观赏性佳，第 1 天露孔时花色深、形似酒杯；紫粉色瓣纹向下延伸、变淡，与基部黄色相融，清新而不失娇艳。与亲本相比，该品种花色鲜丽、花姿飘逸，且花期长，着花多且整齐。

‘霞光焕彩’在 2019 年荣获中国北京世界园艺博览会中国省（区、市）室内展品竞赛铜奖；在 2020 年第三十四届（广州番禺）全国荷花展览中，荣获大、中型荷花新品种评比二等奖；2021 年度荣获第十届中国花卉博览会展品类（盆栽植物）铜奖（图 11-14）。

植物新品种权证书

品种名称：霞光焕彩

属或者种：莲

品种权人：江苏省中国科学院植物研究所
南京艺莲苑花卉有限公司

培育人：刘晓静 杜凤凤 姚东瑞 常雅军
丁跃生 童兆琴 曹先定 谢 蕾
童 梅 彭 英

品种权号：CNA20183469.4

申请日：2018年10月29日

授权日：2020年7月27日

证书号：第 2020015168 号

根据《中华人民共和国植物新品种保护条例》规定，本品种权自授予之日起生效，保护期限为15年。

品种权证书记载发证时的法律状态。

品种权的转让、继承、放弃、无效、终止和品种权人的姓名或名称、国籍、地址变更等事项记载在农业部品种权登记簿上。

部　长：

2020年7月27日

AIPH　Expo 2019 BEIJING CHINA

2019年中国北京世界园艺博览会

获奖证书

CERTIFICATE OF AWARD

南京艺莲苑花卉有限公司的盆栽展品

荷花‘霞光焕彩’

荣获2019年中国北京世界园艺博览会

中国省（区、市）室内展品竞赛　铜奖

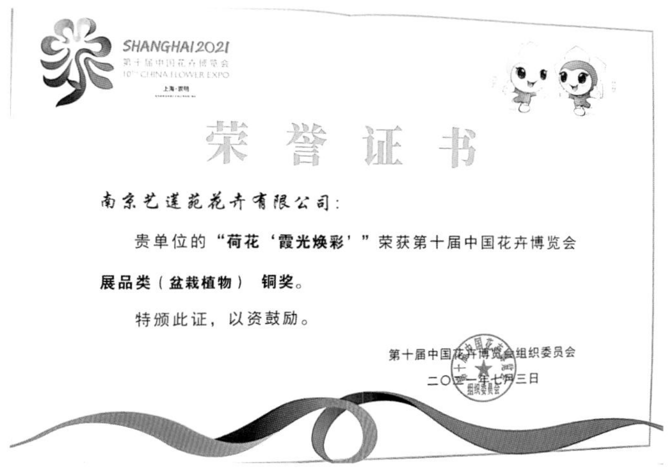
SHANGHAI 2021
第十届中国花卉博览会
10TH CHINA FLOWER EXPO

荣誉证书

南京艺莲苑花卉有限公司：

贵单位的“荷花‘霞光焕彩’”荣获第十届中国花卉博览会展品类（盆栽植物）铜奖。

特颁此证，以资鼓励。

第十届中国花卉博览会组织委员会

二〇二一年七月三日

图 11-14　‘霞光焕彩’相关证书

**（8）‘振国黄’（品种权号：CNA20183364.0）**

‘振国黄’（图 11-15）2015 年由南京艺莲苑花卉有限公司与江苏省中国科学院植物研究所联合选育。育种方法为实生选种，母本为‘友谊牡丹’莲。

图 11-15　振国黄

中株型，立叶高 48~55 cm，叶径（20.5~28.2）cm×（25~36.5）cm，花柄高 65~82 cm。花期中，约 6 月 17 日始花，群体花期长。着花密，10~13 朵 /m$^2$。花蕾卵形，黄绿色。花显著高于伴生立叶，花态为碟状；重瓣型，花瓣数 164~207，花径 13~17 cm，最大瓣 12.5×9 cm；最小瓣 8 cm×2.5 cm。花黄色（Yellow-Green 150D），外层黄绿色（Yellow-Green 145C）。雄蕊数 39~78，部分瓣化，雄蕊附属物淡黄色，花药深黄色，花丝淡黄色。雌蕊心皮 13~16 枚，莲蓬顶面深绿色。青熟花托碗形，黄绿色（Yellow-Green 144B）。地下茎短圆筒形。

该品种花形饱满，花色为少见的亮黄色，花梗质硬宜做切花，是一个优良的花莲新品种。与母本‘友谊牡丹’莲相比，该品种花色更深，为亮黄色，且花型更加饱满。

‘振国黄’在 2019 年第六届中国荷花品种展莲花切花评比（荷花）中荣获一等奖；在 2021 年荣获第十届中国花卉博览会科技成果类（新品研发）银奖（图 11-16）。

植物新品种权证书

品种名称：振国黄
属或者种：莲
品种权人：南京艺莲苑花卉有限公司
江苏省中国科学院植物研究所
培育人：丁跃生 姚东瑞 刘晓静 杜凤凤 彭英 曹先定 童兆琴 谢蕾 童梅
品种权号：CNA20183364.0
申请日：2018 年 10 月 20 日
授权日：2020 年 7 月 27 日

证书号：第 2020015164 号

根据《中华人民共和国植物新品种保护条例》规定，本品种权自授予之日起生效，保护期限为 15 年。

品种权证书记载发证时的法律状态。

品种权的转让、继承、放弃、无效、终止和品种权人的姓名或名称、国籍、地址变更等事项记载在农业部品种权登记簿上。

2020 年 7 月 27 日

SHANGHAI 2021
第十届中国花卉博览会
10th CHINA FLOWER EXPO

荣誉证书

南京艺莲苑花卉有限公司：

贵单位的“荷花‘振国黄’”荣获第十届中国花卉博览会科技成果类（新品种研发）银奖。

特此颁证，以资鼓励。

第十届中国花卉博览会组织委员会
二零二一年五月

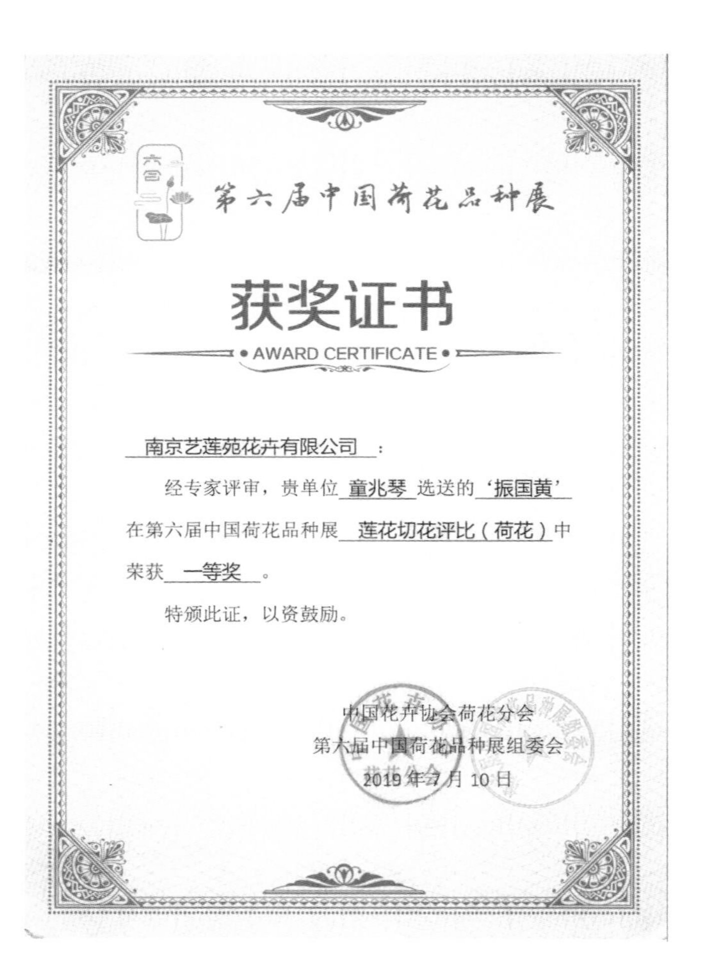
第六届中国荷花品种展

获奖证书
AWARD CERTIFICATE

南京艺莲苑花卉有限公司：

经专家评审，贵单位童兆琴选送的‘振国黄’在第六届中国荷花品种展莲花切花评比（荷花）中荣获一等奖。

特颁此证，以资鼓励。

中国花卉协会荷花分会
第六届中国荷花品种展组委会
2019 年 7 月 10 日

图 11-16 ‘振国黄’相关证书

**（9）‘如润’莲（品种权号：CNA20183365.9）**

‘如润’莲（图 11-17）2015 年由江苏省中国科学院植物研究所与南京艺莲苑花卉有限公司联合选育。育种方法为实生选种，母本为‘金太阳’。

图 11-17　如润莲

观赏用，中株型，立叶高 39~43 cm，叶径（23~36）cm×（28~42）cm，花高 60~70 cm；花期早，约 5 月 21 日始花，群体花期长。着花密，花量 14~15 朵 /m$^2$；花蕾阔卵形，黄绿色；花显著高于立叶，花态叠球状；重台型，花瓣数 388~575，花径 13~16 cm，最大瓣 9 cm×6.6 cm，最小瓣 3.1 cm×0.5 cm；花浅绿色（Green-White 157A），基部黄色（Yellow 3D），最外层黄绿色（Yellow-Green N144C）。雄蕊全部瓣化。雌蕊泡状或瓣化，心皮 22~31 枚，不结实。青熟花托侧面黄绿色（Yellow-Green 144B）。

该品种观赏性佳，黄绿色重台型，花色更深，花瓣数更多，花态前期合抱，后期叠球状；单朵花期长，花瓣不易凋落，花苞可拍开且与自然开放无异，可作为切花品种。

‘如润’莲在 2019 年荣获中国北京世界园艺博览会中国省（区、市）室内展品竞赛铜奖；同年在第六届中国荷花品种展莲花切花评比（荷花）中荣获二等奖。2020 年获得了植物新品种权证书；同年在第三十四届（广州番禺）全国荷花展览中，荣获大、中型荷花新品种评比二等奖（图 11-18）。

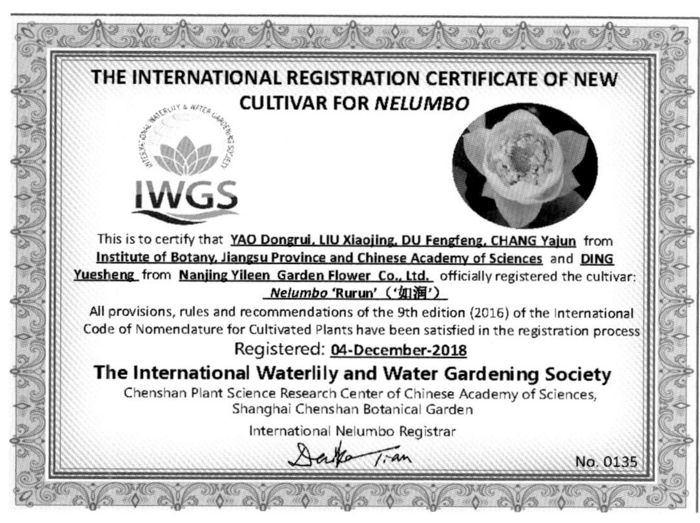
THE INTERNATIONAL REGISTRATION CERTIFICATE OF NEW CULTIVAR FOR *NELUMBO*

IWGS

This is to certify that YAO Dongrui, LIU Xiaojing, DU Fengfeng, CHANG Yajun from Institute of Botany, Jiangsu Province and Chinese Academy of Sciences and DING Yuesheng from Nanjing Yileen Garden Flower Co., Ltd. officially registered the cultivar: *Nelumbo* 'Rurun'（'如润'）

All provisions, rules and recommendations of the 9th edition (2016) of the International Code of Nomenclature for Cultivated Plants have been satisfied in the registration process

Registered: 04-December-2018

The International Waterlily and Water Gardening Society

Chenshan Plant Science Research Center of Chinese Academy of Sciences, Shanghai Chenshan Botanical Garden

International Nelumbo Registrar

No. 0135

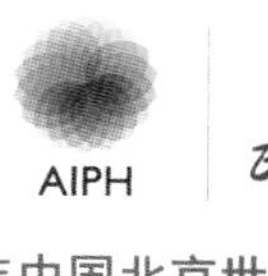

2019年中国北京世界园艺博览会

INTERNATIONAL HORTICULTURAL EXHIBITION 2019 BEIJING CHINA

获奖证书

CERTIFICATE OF AWARD

南京艺莲苑花卉有限公司的参花展品

荷花'如润'

荣获2019年中国北京世界园艺博览会

中国省（区、市）室内展品竞赛　铜奖

2019年中国北京世界园艺博览会组织委员会

Organizing Committee of International Horticultural Exhibition 2019 Beijing, China

植物新品种权证书

品种名称：如润莲

属或者种：莲

品种权人：江苏省中国科学院植物研究所　南京艺莲苑花卉有限公司

培育人：姚东瑞　杜凤凤　刘晓静　常雅军　丁跃生　童兆琴　曹先定　谢蕾　童梅　彭英

品种权号：CNA20183365.9

申请日：2018年10月20日

授权日：2020年7月27日

证书号：第2020015165号

根据《中华人民共和国植物新品种保护条例》规定，本品种权自授予之日起生效，保护期限为15年。

品种权证书记载发证时的法律状态。

品种权的转让、继承、放弃、无效、终止和品种权人的姓名或名称、国籍、地址变更等事项记载在农业部品种权登记簿上。

部　长：

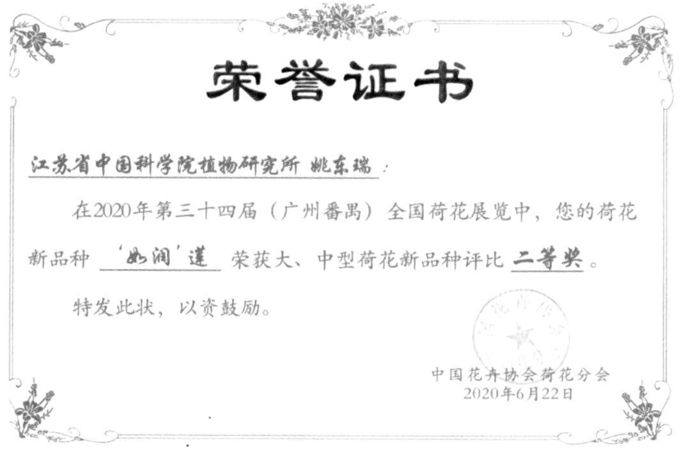
荣誉证书

江苏省中国科学院植物研究所　姚东瑞：

在2020年第三十四届（广州番禺）全国荷花展览中，您的荷花新品种'如润'莲荣获大、中型荷花新品种评比二等奖。

特发此状，以资鼓励。

中国花卉协会荷花分会

2020年6月22日

第六届中国荷花品种展

获奖证书

AWARD CERTIFICATE

南京艺莲苑花卉有限公司：

经专家评审，贵单位童兆琴选送的'如润'莲在第六届中国荷花品种展莲花切花评比（荷花）中荣获二等奖。

特颁此证，以资鼓励。

中国花卉协会荷花分会

第六届中国荷花品种展组委会

2019年7月10日

图 11–18　'如润'莲相关证书

**（10）'石城锦绣'（品种权号：CNA20183468.5）**

'石城锦绣'（图 11–19）2015 年由江苏省中国科学院植物研究所与南京艺莲苑花卉有限公司联合选育。育种方法为实生选种，母本为'锦霞'。

图 11-19　石城锦绣

观赏用，中株型，立叶高40~49 cm，叶径（27~39）cm×（33~43）cm，花高61~75 cm；花期中，约6月17日始花，群体花期长。着花较密，开花7~9朵/$m^2$；花蕾卵形，紫红色，基部绿色；花显著高于立叶，花态碟状；重台型，花瓣数91~110，花径15~21 cm，最大瓣12.5 cm×7 cm，最小瓣5.6 cm×1.2 cm；花瓣尖紫红色（Red-Purple 58A），中部粉色（Red 51D，瓣脉明显），基部黄色（Yellow 2B）。雄蕊数约229，部分瓣化，雄蕊附属物乳白色，花药深黄色，花丝淡黄色。雌蕊泡状，心皮24~26枚。青熟花托侧面黄绿色（Yellow-Green N144D），倒圆锥状。

该品种观赏性佳，花色为复色，艳丽且红黄二色相融，外瓣瓣尖紫红色，中部红色脉纹明显，内瓣边缘红色，中间淡黄色；随开放红色变淡，黄色加深。外瓣大，内瓣小，排列规整，花态挺拔、秀雅。

‘石城锦绣’在 2019 年第六届中国荷花品种展莲花切花评比（荷花）中荣获一等奖；2020 年获得了植物新品种权证书；2021 年荣获第十届中国花卉博览会科技成果类（新品种研发）银奖（图 11-20）。

THE INTERNATIONAL REGISTRATION CERTIFICATE OF NEW CULTIVAR FOR *NELUMBO*

IWGS

This is to certify that DING Yuesheng from Nanjing Yileen Garden Flower Co., Ltd. and YAO Dongrui, LIU Xiaojing, DU Fengfeng, CHANG Yajun from Institute of Botany, Jiangsu Province and Chinese Academy of Sciences officially registered the cultivar: *Nelumbo* 'Shicheng Jinxiu'（'石城锦绣'）

All provisions, rules and recommendations of the 9th edition (2016) of the International Code of Nomenclature for Cultivated Plants have been satisfied in the registration process

Registered: 04-December-2018

The International Waterlily and Water Gardening Society

Chenshan Plant Science Research Center of Chinese Academy of Sciences, Shanghai Chenshan Botanical Garden

International Nelumbo Registrar

No. 0136

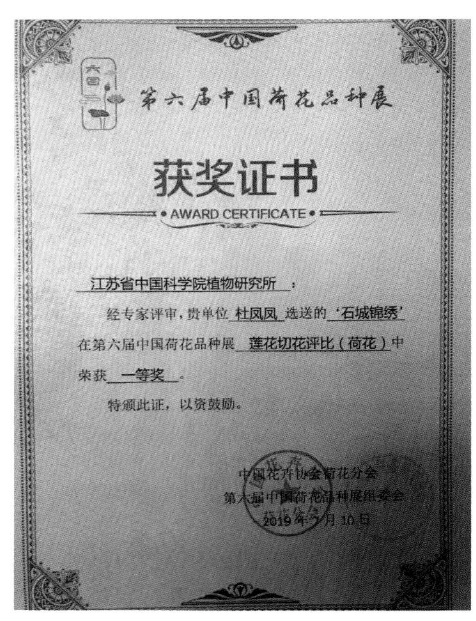

第六届中国荷花品种展

获奖证书

AWARD CERTIFICATE

江苏省中国科学院植物研究所：

经专家评审，贵单位 杜凤凤 选送的'石城锦绣'在第六届中国荷花品种展 莲花切花评比（荷花）中荣获 一等奖 。

特颁此证，以资鼓励。

中国花卉协会荷花分会

第六届中国荷花品种展组委会

2019年7月10日

植物新品种权证书

品种名称：石城锦绣

属或者种：莲

品种权人：南京艺莲苑花卉有限公司
江苏省中国科学院植物研究所

培育人：丁跃生 杜凤凤 姚东瑞 刘晓静 彭英 董兆琴 曹先定 谢蕾 童梅

品种权号：CNA20183468.5

申请日：2018年10月29日

授权日：2020年7月27日

证书号：第 2020015167 号

根据《中华人民共和国植物新品种保护条例》规定，本品种权自授予之日起生效，保护期限为15年。

品种权证书记载发证时的法律状态。

品种权的转让、继承、放弃、无效、终止和品种权人的姓名或名称、国籍、地址变更等事项记载在农业部品种权登记簿上。

部长：

2020年7月27日

SHANGHAI2021

第十届中国花卉博览会

荣誉证书

南京艺莲苑花卉有限公司：

贵单位的"荷花'石城锦绣'"荣获第十届中国花卉博览会科技成果类（新品种研发）银奖。

特此颁证，以资鼓励。

第十届中国花卉博览会组织委员会

二零二一年五月

图 11–20　'石城锦绣'相关证书

**（11）'粉妆仙子'（品种权号：CNA20191001440）**

'粉妆仙子'（图 11–21）2017 年由六安市金安区郁金香园艺家庭农场与南京艺莲苑花卉有限公司联合选育。育种方法为人工杂交，母本为'魏夫人'，父本为'琴韵'。

中株型，立叶高63~115 cm，叶径（30.5~46）cm ×（21~38）cm，花高79~123 cm；花期中，约6月10日始花，群体花期长。着花较密；花蕾窄卵形，粉红色；花高于立叶，花态碗状；少瓣型，花瓣数229~275，花径20~29 cm；花瓣上表面主色为极淡的橙红色（Orange–Red 35D），花瓣上表面次色为淡红色（Red 54C）。雄蕊部分瓣化，雄蕊附属物乳白色，花药深黄色，花丝淡黄色。雌蕊正常，心皮12~19枚。青熟花托侧面黄绿色（Yellow–Green 144B），倒圆锥状。

该品种清新淡雅，复色，脉纹明显。与母本'魏夫人'相比，该品种花色更加丰富，花态更加秀丽，适宜盆栽。

图 11-21　粉妆仙子

‘粉妆仙子’在 2021 年度荣获第十届花卉博览会展品类(盆花)铜奖,同年荣获扬州世界园艺博览会荷花国际竞赛(荷花新品种竞赛)铜奖(图 11-22)。

铜奖

荷花新品种竞赛

品种名称：粉妆仙子　英　文：Fenzhuangxianzi

育种单位：南京艺莲苑花卉有限公司 六安市郁花园园艺有限公司　育种人：丁跃生 郁书俊 郁晓涵

选　种：母本：魏夫人，父本：琴韵　株　型：大　型

花　色：红　色　形　状：少　瓣

果　实：正常结实

荣　誉　证　书

南京艺莲苑花卉有限公司：

贵单位的“荷花‘粉妆仙子’”荣获第十届中国花卉博览会展品类（盆花） 铜奖。

特颁此证，以资鼓励。

第十届中国花卉博览会组织委员会

二〇二一年七月三日

图 11-22　‘粉妆仙子’相关证书

**(12)‘瑶池火苗’**

‘瑶池火苗’(图 11-23)2016 年由六安市金安区郁金香园艺家庭农场与南京艺莲苑花卉有限公司联合选育。育种方法为人工杂交,母本为‘中国红 · 上海’,父本为‘艾江南’。

中株型,立叶高 43~75 cm,花高 62~109 cm;花期早,群体花期长。着花较密,单盆(380 mm)开花 6 朵;花蕾卵形,紫红色;花高于立叶,花态碗状;少瓣型,花瓣数 17,花径 15 cm;花紫红色(Red-Purple 64C)。雄蕊附属物红色,花药深黄色,花丝淡黄色。雌蕊正常,心皮 15 枚。青熟花托侧面绿色(Yellow-Green 144B)。

该品种花色艳丽,花色为亮红色,雄蕊附属物亦为红色;花态优美,排列规整。与母本‘中国红 · 上海’相比,该品种花色更加艳丽,花态更加规整。

图 11-23 瑶池火苗

‘瑶池火苗’在 2021 年获扬州世界园艺博览会荷花国际竞赛（荷花新品种竞赛）银奖（图 11-24）。

图 11-24 ‘瑶池火苗’相关证书

2. 已受理植物新品种权品种

**（1）'赤镶金盏'**

'赤镶金盏'（图 11–25）2015 年由江苏省中国科学院植物研究所与南京艺莲苑花卉有限公司联合选育。育种方法为人工杂交，母本为'香雪海'，父本为'金陵凝翠'。

图 11-25　赤镶金盏

中株型，立叶高 36~46 cm，叶径( 24~32 )cm × ( 30~40 )cm，花高 49~54 cm。花期早，约 5 月 27 日始花，群体花期长。着花较密，单盆( 口径 460 mm )开花 6~7 朵；花蕾卵形，黄绿色，尖紫红；花显著高于立叶，花态碗状；重瓣型，花瓣数 78~104，花径 12~16 cm，最大瓣 10.7 cm × 6.3 cm，最小瓣 4.6 cm × 0.9 cm；花瓣尖紫红色( Red 54A )，中部白色( White 155A )，基部黄色( Yellow 3C )。雄蕊数约 246，部分瓣化，雄蕊附属物乳白色，花药深黄色，花丝淡黄色。雌蕊正常，心皮 25~33 枚。青熟花托侧面黄绿色( Yellow-Green 145B )，碗状。

该品种复色重瓣大花型，花色丰富，花态挺拔、有弧度，花瓣瓣尖两侧向内微卷，花梗粗且质硬。与母本‘香雪海’相比，该品种花瓣更多，花色更丰富，外瓣紫红色瓣尖和脉纹明显。

**( 2 )‘江南绸锦’**

‘江南绸锦’(图 11-26 )2016 年由江苏省中国科学院植物研究所与南京艺莲苑花卉有限公司联合选育。育种方法为实生选种，母本为‘枇杷橙’。

大株型，立叶高 34~50 cm，叶径( 30~34 )cm × ( 36~44 )cm，花高 72~94 cm。花期早，群体花期长。着花密度 14~16 朵 /$m^2$；花蕾卵形，黄绿色，尖红色；花显著高于立叶，花态前期碗状，后期碟状；重瓣型，花瓣数 89~96，花径 17~22 cm，最大瓣 9.6 cm × 6.2 cm，最小瓣 6.1 cm × 1.4 cm；花瓣尖红色( Red-Purple 61B )，外瓣淡黄绿色( Green-White 157A )，内瓣淡黄色( Yellow 4D )。雄蕊数约 76，部分瓣化，雄蕊附属物淡黄色，花药深黄色，花丝淡黄色。雌蕊正常，心皮 10~21 枚。青熟花托侧面黄绿色( Yellow-Green 144C )。

图 11–26　江南绸锦

该品种观赏性佳，花态前期碗状，内外瓣明显，排列规整；后期外瓣完全打开，花态碟状。与母本‘枇杷橙’相比，该品种花色更加新颖、丰富，瓣尖及边缘紫红色，中部淡黄绿色至淡黄色，基部黄色。

‘江南绸锦’在 2021 年荣获扬州世界园艺博览会荷花国际竞赛（荷花新品种竞赛）金奖（图 11–27）。

AIPH　Expo 2021 YANGZHOU

2021年扬州世界园艺博览会

THE INTERNATIONAL HORTICULTURAL EXPOSITION 2021 YANGZHOU

获奖证书

AWARD CERTIFICATE

江苏省中国科学院植物研究所

的作品‘江南绸锦’

荣获2021年扬州世界园艺博览会荷花国际竞赛

（荷花新品种竞赛）

This certificate is presented to you in recognition of excellence in New Lotus Cultivars Competition at the International Horticultural Exposition 2021 Yangzhou

金奖

GOLD AWARD

2021年扬州世界园艺博览会组织委员会

Organizing Committee of the International Horticultural Exposition 2021 Yangzhou

二〇二一年七月

July, 2021

图 11–27　‘江南绸锦’相关证书

**（3）‘金盏红灯’**

‘金盏红灯’（图 11–28）2016 年由六安市金安区郁金香园艺家庭农场与南京艺莲苑花卉有限公司联合选育。育种方法为人工杂交，母本为‘摄山丹叶’，父本为‘金叠玉’。

中株型，叶径 22~24 cm，立叶高 50 cm，花高 67 cm。花期早，5 月 25 日始花，群体花期长。着花较密，每盆 8 朵；花蕾卵圆锥形，花紫红色，花态碗状；半重瓣型，花瓣数 43，花径 16 cm。雄蕊正常，附属物红色、大、长、多。雌蕊正常，盆栽部分能结实，心皮 8 枚。

该品种观赏性佳，适宜盆栽，开花清秀。与母本‘摄山丹叶’相比，株型更小，且花瓣更多，更加秀丽。

图 11-28　金盏红灯

（4）**‘南诏禅音’**

‘南诏禅音’（图 11-29）2016 年由南京艺莲苑花卉有限公司与江苏省中国科学院植物研究所联合选育。育种方法为实生选种，母本为‘珠峰翠影’。

大株型，立叶高 37~46 cm，叶径（26~45）cm ×（34~51）cm，花高 43~63 cm。花期早，群体花期长。着花密度 8~10 朵 /m$^2$；花蕾卵形，黄绿色，尖微红色；花显著高于立叶，花态前期碗状，后期碟状；重瓣型，花瓣数 74~82，花径 20~28cm，最大瓣 10.5 cm × 7 cm，最小瓣 6.3 cm × 2.5 cm；

图 11–29　南诏禅音

花色为极淡黄绿色，近白色（Green–White 157B），基部淡黄色（Yellow 3C）。雄蕊数约 196，部分瓣化，雄蕊附属物淡黄色，花药深黄色，花丝淡黄色。雌蕊正常，心皮 15~22 枚。青熟花托侧面黄绿色（Yellow–Green 145B）。

该品种观赏性佳，大花型，花瓣微卷有弧度；花色为极淡黄绿色近白色。与母本‘珠峰翠影’相比，该品种花态更加挺拔，且花径较母本更大。

**（5）‘神州美 · 湘’**

‘神州美 · 湘’（图 11–30）2016 年由江苏省中国科学院植物研究所与南京艺莲苑花卉有限公司联合选育。育种方法为实生选种，母本为‘神州美 · 川’。

图 11-30　神州美・湘

大株型，立叶高 49~72 cm，叶径（24~32）cm×（31~42）cm，花高 54~94 cm。花期早，群体花期长。着花密度为 14~16 朵 /m$^2$；花蕾卵形，粉红色，基部绿色；花显著高于立叶，花态前期碗状，后期碟状；重瓣型，花瓣数 124~156，花径 13~19 cm，最大瓣 9.4 cm×6 cm，最小瓣 4.6 cm×0.7 cm；花色：外瓣紫红色（Red-Purple 65C，红色脉纹明显），基部淡黄色（Yellow 3C）；内瓣瓣尖紫红色（Red-Purple 64B），基部淡黄色（Yellow 3B）。雄蕊数约 238，部分瓣化，雄蕊附属物淡黄色，花药深黄色，花丝淡黄色。雌蕊正常，心皮 16~23 枚。青熟花托侧面淡黄绿色（Yellow-Green 151D）。

**（6）'杏脸桃腮'**

'杏脸桃腮'（图 11-31）2016 年由江苏省中国科学院植物研究所与南京艺莲苑花卉有限公司联合选育。育种方法为实生选种，母本为'粉精灵'。

图 11–31　杏脸桃腮

中株型，立叶高 29~40 cm，叶径（22~31）cm×（29~43）cm，花高 38~68 cm。花期早，群体花期长。着花密度 18~22 朵 /m$^2$；花蕾窄卵形，粉红色；花显著高于立叶，花态初开时为片状，后期为碗状至飞舞状；少瓣型，花瓣数 16~21，花径 18~24 cm，最大瓣 11.5 cm×6.1 cm，最小瓣 9cm×3cm；花粉色（Purple 75B），瓣尖紫红色（Red–Purple 67A），基部淡黄色（Yellow 1D）。雄蕊数 167~192，雄蕊附属物淡黄色，花药深黄色，花丝淡黄色。雌蕊正常，心皮 10~14 枚。青熟花托侧面黄绿色（Yellow–Green 145B）。

该品种为淡紫红色，少瓣，花态特异，开放时花瓣全部打开、平展呈 180° ，之后逐渐闭合，翌日再次开放呈碗状至飞舞状。与母本‘粉精灵’相比，该品种花态独特，花量更大，且花期长。

‘杏脸桃腮’在 2021 年荣获扬州世界园艺博览会荷花国际竞赛（荷花新品种竞赛）铜奖（图 11–32）。

AIPH
Expo 2021 YANGZHOU

2021年扬州世界园艺博览会
THE INTERNATIONAL HORTICULTURAL EXPOSITION 2021 YANGZHOU

获奖证书
AWARD CERTIFICATE

江苏省中国科学院植物研究所
的作品‘杏脸桃腮’
荣获2021年扬州世界园艺博览会荷花国际竞赛
（荷花新品种竞赛）

This certificate is presented to you in recognition of excellence in New Lotus Cultivars Competition at the International Horticultural Exposition 2021 Yangzhou

铜奖
BRONZE AWARD

2021年扬州世界园艺博览会组织委员会
Organizing Committee of the International Horticultural Exposition 2021 Yangzhou
二〇二一年七月
July, 2021

图 11–32 ‘杏脸桃腮’相关证书

**（7）‘幸福恋人’**

‘幸福恋人’（图 11–33）2016 年由南京艺莲苑花卉有限公司与江苏省中国科学院植物研究所联合选育。育种方法为实生选种，母本为‘中国红 · 上海’。

图 11–33　幸福恋人

大株型，立叶高 36~67 cm，叶径（30~38）cm × （35~40）cm，花高 57~82 cm。花期早，群体花期长。着花密度为 8~10 朵 /m$^2$；花蕾卵形，紫红色；花显著高于立叶，花态前期碗状，后期碟状；半重瓣型，花瓣数 23~32，花径 13~23 cm，最大瓣 11 cm × 7.5 cm，最小瓣 8 cm × 3 cm；花紫红色（Red–Purple 59D），基部淡黄色（Yellow 2C）。雄蕊数约 346，个别瓣化，雄蕊附属物紫红色（Red–Purple 59A），花药深黄色，花丝淡黄色。雌蕊正常，心皮 25~29 枚。青熟花托侧面绿色（Green 142C）。

该品种观赏性佳，大花型，花色为深紫红色，雄蕊附属物亦为深紫红色；花态挺拔，花瓣排列规整。与母本‘中国红 · 上海’相比，该品种花色更加艳丽，花态更加规整。

**（8）‘醉翁红霞’**

‘醉翁红霞’（图 11–34）2016 年由南京艺莲苑花卉有限公司与江苏省中国科学院植物研究所联合选育。育种方法为实生选种，母本为‘瑰丽’。

中株型，立叶高 20~30 cm，叶径（20~27）cm × （25~32）cm，花高 33~57 cm；花期中，群体花期中等。着花较稀，开花 8~10 朵 /m$^2$；花蕾卵形，红色；花显著高于立叶，花态碗状；少瓣型，花瓣数 16~28，花径 10~18 cm，最大瓣 8.5 cm × 5.3 cm，最小瓣 3.9 cm × 0.53 cm；花玫红色（Red–Purple 64D），瓣尖鲜红色（Red 53A），基部黄色（Yellow 4D）。雄蕊数约 90，极个别瓣化，雄蕊附属物鲜红色（Red 53C），花药深黄色，花丝淡黄色。雌蕊正常，心皮 6~10 枚。青熟花托侧面黄绿色（Green–Yellow 1A）。

图 11–34　醉翁红霞

该品种花色特异，为玫红色，附属物也为玫红色，雄蕊形态特异似火柴头。与母本‘瑰丽’相比，该品种花态更加秀丽，花色更加特异，带有亮红色。

**（9）‘金陵彩虹’**

‘金陵彩虹’（图 11–35）2017 年由江苏省中国科学院植物研究所与南京艺莲苑花卉有限公司联合选育。育种方法为实生选种，母本为‘金陵女神’。

中株型，立叶高 26~44 cm，叶径（24~29）cm ×（32~39）cm，花高 34~49 cm；花期早，群体花期长，约 6 月 20 日始花至 8 月底。着花较密，开花 8~12 朵 /m$^2$；花蕾卵形，黄绿色，瓣尖红色；花显著高于立叶，花态碗状；重瓣型，花瓣数 164~178，花径 10~14 cm，最大瓣 7 cm × 5.7 cm，最小瓣 5.0 cm × 1.8 cm；花瓣尖紫红色（Red–Purple 64B），中部白色（White 155A），基部黄色（Yellow 3B）。雄蕊数 165~180，部分瓣化，雄蕊附属物乳白色，花药深黄色，花丝淡黄色。雌蕊偶见泡状，心皮 8~12 枚。青熟花托侧面黄绿色（Yellow–Green 150C），倒圆锥状。

该品种花色复色，瓣中极淡黄色，瓣尖红色，外层花瓣颜色丰富，随开放颜色变淡。与母本‘金陵女神’相比，该品种花态碗状，花瓣合抱近阔卵形，外层花瓣颜色对比更加明显，花型更加清秀可爱。

图 11-35　金陵彩虹

### （10）'两情相悦'

'两情相悦'（图 11-36）2017 年由江苏省中国科学院植物研究所与南京艺莲苑花卉有限公司联合选育。育种方法为人工杂交，母本为'雨花情'，父本为'花开富贵'。

图 11–36　两情相悦

大株型，立叶高 58~74 cm，叶径（29~34）cm×（31~38）cm，花高 72~99 cm；花期早，群体花期长，约 6 月 11 日始花至 8 月下旬。着花密，开花 14~18 朵 /m$^2$；花蕾卵形，基部绿色，瓣尖红色；花显著高于立叶，花态碟状；重瓣型，花瓣数 111~121，花径 14~19 cm，最大瓣 8.1 cm×5.1 cm，最小瓣 5.6 cm×1.6 cm；花瓣尖紫红色（Red–Purple 64C），中部浅粉色（White N155B），瓣脉明显，基部黄色（Yellow 4B）。雄蕊数 94~102，部分瓣化，雄蕊附属物淡黄色，花药深黄色，花丝淡黄色。雌蕊正常，心皮 8~16 枚。青熟花托侧面黄绿色（Yellow–Green 144C），倒圆锥状。

该品种内外瓣分界明显，最外层花被片下表面黄绿色边缘红色，外层花瓣大且瓣尖有弧度，内瓣多且色深，初开红色较深，随开放颜色变淡，过渡自然。与母本‘雨花情’相比，该品种花色更加俏丽、多变，且花态更加规整。

**（11）‘莫奈画碟’**

‘莫奈画碟’（图 11–37）2017 年由南京艺莲苑花卉有限公司与江苏省中国科学院植物研究所联合选育。育种方法为实生选种，母本为‘粉妆仙子’。

大株型，立叶高 49~65 cm，叶径（33~38）cm×（37~46）cm，花高 96~112 cm；花期早，群体花期长，约 6 月 7 日始花至 8 月下旬。着花较密，开花 6~12 朵 /m$^2$；花蕾长卵形，红色，基部绿色；花显著高于立叶，花态碟状；半重瓣型，花瓣数 20~26，花径 19~27 cm，最大瓣 10.3 cm×6.2 cm，最小瓣 7.6 cm×2.7 cm；花瓣尖紫红色（Red–Purple 60C），中部红色（Red 56C，脉明显），基部黄色（Yellow 4B）。雄蕊数 333~364，雄蕊附属物淡黄色，花药深黄色，花丝淡黄色。雌蕊正常，心皮 16~21 枚。青熟花托侧面黄绿色（Yellow–Green 151D），碗形。

图 11–37　莫奈画碟

该品种花态独特，前期似玉碟，后期完全打开呈飞舞状。与母本‘粉妆仙子’相比，该品种花瓣更加宽大，且花态更加规整，花色绮丽，色彩柔和而又艳丽，瓣脉明显，过渡自然。

‘莫奈画碟’在 2021 年荣获扬州世界园艺博览会荷花国际竞赛（荷花新品种竞赛）金奖（图 11–38）。

AIPH　EXPO 2021 YANGZHOU

2021年扬州世界园艺博览会
THE INTERNATIONAL HORTICULTURAL EXPOSITION 2021 YANGZHOU

获奖证书
AWARD CERTIFICATE

南京艺莲苑花卉有限公司
的作品‘莫奈画碟’：
荣获2021年扬州世界园艺博览会荷花国际竞赛
（荷花新品种竞赛）

This certificate is presented to you in recognition of excellence in New Lotus Cultivars Competition at the International Horticultural Exposition 2021 Yangzhou

金奖
GOLD AWARD

2021年扬州世界园艺博览会组织委员会
Organizing Committee of the International Horticultural Exposition 2021 Yangzhou
二〇二一年七月
July 2021

图 11–38　‘莫奈画碟’相关证书

### （12）‘铺金叠翠’

‘铺金叠翠’（图 11–39）2017 年由南京艺莲苑花卉有限公司与江苏省中国科学院植物研究所联合选育。育种方法：实生选种，母本‘金陵凝翠’。

图 11–39　铺金叠翠

大株型，立叶高 49~68 cm，叶径（30~32）cm ×（34~40）cm，花高 76~108 cm；花期早，群体花期长，约 6 月 20 日始花至 8 月底。着花较密，开花 8~14 朵 /m$^2$；花蕾卵形，绿色；花显著高于立叶，花态碟状；重台型，花瓣数 157~180，花径 16~23 cm，最大瓣 10 cm × 6.4 cm，最小瓣 5.5 cm × 1 cm；花绿色（Yellow–Green 150C），基部黄色（Yellow 4B），变瓣顶端有绿色脉（Yellow–Green 149C）。雄蕊数 108~120，雄蕊附属物淡黄色，花药深黄色，花丝淡黄色。雌蕊泡状，心皮 22~32 枚。青熟花托侧面绿色（Green 143C），碗形。

该品种花色新颖，绿色较深；心皮全部泡状，为重台型；花态碟状，内外瓣分界明显，外瓣宽大，内瓣细碎似菊。高温时花瓣会有“灼伤”现象。与母本‘金陵凝翠’相比，该品种为重台型，花色较母本更绿。

AIPH　Expo 2021 YANGZHOU

2021年扬州世界园艺博览会

THE INTERNATIONAL HORTICULTURAL EXPOSITION 2021 YANGZHOU

获奖证书

AWARD CERTIFICATE

南京艺莲苑花卉有限公司

的作品‘铺金叠翠’

荣获2021年扬州世界园艺博览会荷花国际竞赛

（荷花新品种竞赛）

This certificate is presented to you in recognition of excellence in New Lotus Cultivars Competition at the International Horticultural Exposition 2021 Yangzhou

银奖

SILVER AWARD

2021年扬州世界园艺博览会组织委员会

Organizing Committee of the International Horticultural Exposition 2021 Yangzhou

二〇二一年七月

July, 2021

图 11–40　‘铺金叠翠’相关证书

‘铺金叠翠’在 2021 年荣获扬州世界园艺博览会荷花国际竞赛（荷花新品种竞赛）银奖（图 11–40）。

**（13）‘情人节’**

‘情人节’（图 11-41）2017 年由海南大学与海南莲华生态文化股份有限公司选育。育种方法为实生选种，母本为‘花开富贵’。

大株型，立叶高 60~78 cm，叶径（31~40）cm×（35~45）cm，花高 59~99 cm；花期早，群体花期长，约 6 月 5 日始花至 8 月下旬。着花密，开花 10~15 朵 /m$^2$；花蕾卵形，基部绿色，上部红色；花显著高于立叶，花态近盘状；重瓣型，花瓣数 51~56，花径 10~14 cm，最大瓣 10.1 cm×6.2 cm，最小瓣 6.1 cm×1.2 cm；花瓣尖紫红色（Red-Purple 61B），中部黄色（Yellow 4D），中部下表面瓣脉明显（Red-Purple 58A），基部黄色（Yellow 4A）。雄蕊数 121~130，部分瓣化，雄蕊附属物淡黄色，花药深黄色，花丝淡黄色。雌蕊正常，心皮 14~21 枚。青熟花托侧面黄绿色（Yellow-Green 144C），扁圆形。

该品种内外瓣分界明显，内瓣脉明显，外瓣有弧度，变瓣带黄绿色斑点。与母本‘花开富贵’相比，该品种花色更加丰富饱满，花态更挺拔，适宜做盆栽。

图 11–41　情人节

**（14）'神州百灵'**

'神州百灵'（图 11–42）2017 年由南京艺莲苑花卉有限公司与江苏省中国科学院植物研究所联合选育。育种方法为实生选种，母本为'锦霞'。

图 11-42　神州百灵

中株型，立叶高 38~54 cm，叶径（28~39）cm×（33~44）cm，花高 72~95 cm。花期早，群体花期长，约 6 月 11 日始花至 8 月下旬。着花密，开花 12~17 朵 /$m^2$；花蕾纺锤形，紫红色，基部绿色；花显著高于立叶，花态碟状；重台型，花瓣数 116~130，花径 16~22 cm，最大瓣 11.2 cm×6.9 cm，最小瓣 6.7 cm×1.2 cm；花瓣尖紫红色（Red-Purple 61B），中部淡黄色（Yellow-White 158A），紫红色瓣脉（Red-Purple 60D）明显，基部黄色（Yellow 4A）。雄蕊数 152~163，部分瓣化，雄蕊附属物淡黄色，花药深黄色，花丝淡黄色。雌蕊泡状，心皮 12~22 枚。青熟花托侧面黄绿色（Yellow-Green 144C），碗形。

该品种内外瓣分界明显，内瓣细小色深，随开放花瓣打开，红色变淡，黄色突显，外瓣宽大、色浅脉纹明显。与母本‘锦霞’相比，该品种花色更加艳丽，花态更加规整，盆栽效果更好。

**（15）‘水粉画’**

‘水粉画’（图 11–43）2017 年由中国农业科学院海口实验站与海南莲华生态文化股份有限公司联合选育。育种方法为实生选种，母本为‘雨花情’。

大株型，立叶高 56~72 cm，叶径（29~35）cm ×（32~42）cm，花高 76~103 cm；花期早，群体花期长，约 6 月 10 日始花至 8 月下旬。着花密，开花 8~14 朵 /m$^2$；花蕾卵形，基部黄绿色，尖红色；花显著高于立叶，花态碟状；重瓣型，花瓣数 80~92，花径 16~22 cm，最大瓣 9.4 cm × 5.4 cm，最小瓣 6.2 cm × 1.8 cm；花瓣尖紫红色（Red–Purple 64C），中部白色（White 155B），中部脉纹紫红色（Red–Purple 68B），基部黄色（Yellow 3D）。雄蕊数 188~196，雄蕊附属物淡黄色，花药深黄色，花丝淡黄色。雌蕊正常，心皮 13~19 枚。

图 11-43 水粉画

该品种花色丰富、柔和。花初开扁平碟状、色深，后期完全打开、外瓣下垂、花色变浅。与母本‘雨花情’，该品种花色更加清新雅致，且内外瓣分界明显，外瓣宽大脉纹明显，着色自然，内瓣细碎紧凑，变瓣顶端黄绿色、白色斑块。

**（16）‘椰岛绛染’**

‘椰岛绛染’（图 11-44）2017 年由海南莲华生态文化股份有限公司选育。育种方法为实生选种，母本为‘子夜’。

大株型，立叶高 69~86 cm，叶径（35~50）cm×（41~56）cm，花高 92~116 cm；花期早，群体花期长，约 6 月 16 日始花至 8 月底结束。花量中，开花 6~8 朵 /$m^2$；花蕾阔卵形，深红色；花显著高于立叶，花态碗状；重瓣型，花瓣数 109~120，花径 13~20 cm，最大瓣 9.5 cm×5.8 cm，最小瓣 7.4 cm×2.4 cm；花紫红色（Red-Purple 64B），基部淡黄色（Yellow 4D）。雄蕊数 220~238，部分瓣化，雄蕊附属物紫红色（Red-Purple 71A），大小约 0.5 cm×0.1 cm，花药深黄色中间红色，花丝上部红色下部黄色。雌蕊正常，心皮 10~17 枚。青熟花托侧面黄绿色（Yellow-Green 144B），碗形。

该品种花态碗状，花瓣紧凑、合抱；重瓣型，雄蕊颜色独特：附属物深紫红色，花药深黄色中间红色，花丝上部红色下部黄色。与母本‘子夜’相比，该品种花色更深为深红色，且雄蕊颜色独特。

图 11-44　椰岛绛染

**（17）‘蝶羽望舒’**

‘蝶羽望舒’（图 11-45）2018 年由南京艺莲苑花卉有限公司与华南农业大学联合选育。育种方法为实生选种，母本为‘巨无霸’。

大株型，立叶高 73~104 cm，叶径（36~50）cm×（39~58）cm，花高 79~122 cm；成熟叶绿色、表面光滑，花期早，群体花期长，6 月中始花至 8 月下旬结束。着花较密，开花 10~14 朵 /m$^2$；花蕾阔卵形，黄绿色，尖部红色；花显著高于立叶，花态叠球状；重瓣型，花瓣数 438~459，花径 18~23 cm，最大瓣 11 cm×7.2 cm；花白色（White 155C），基部淡黄色（Yellow 2C），瓣尖边缘紫红色（Red-Purple 60B）。雄蕊数 98~115，雄蕊附属物淡黄色。雌蕊正常，心皮 22~31 枚。花托碗状、顶面平，不结实。

该品种为大花重瓣型，观赏性佳，宜作切花。与母本‘巨无霸’相比，该品种花色更加丰富，且同样具有松香味，该品种花瓣更多，花态清秀。

图 11-45　蝶羽望舒

**（18）‘娥英’**

‘娥英’（图 11-46）2018 年由南京艺莲苑花卉有限公司与江苏省中国科学院植物研究所联合选育。育种方法为芽变选种，母本为‘粉精灵’。

图 11–46　娥英

中株型，立叶高 54~71 cm，叶径（22~35）cm ×（26~40）cm，花高 66~104 cm。花期早，群体花期长，6 月初始花至 8 月底结束。着花密，开花 17~23 朵 /$m^2$；花蕾卵形，黄绿色嵌红色；花显著高于立叶，花态杯状；少瓣型，花瓣数 16~22，花径 16~24 cm，最大瓣 8.1 cm × 4.7 cm；花色：嵌色，花瓣边缘嵌红色斑块至花朵 3/4 红色，红色斑块大小不一。雄蕊数 122~148，雄蕊附属物白色。雌蕊正常，心皮 10~15 枚。花托碗形、顶面平。

该品种花型规整，花量大，且红色斑块多变。与母本‘粉精灵’相比，该品种具有斑块，是少见的洒锦类（嵌色）品种。

**（19）‘鸡鸣晨钟’**

‘鸡鸣晨钟’（图 11–47）2018 年由南京艺莲苑花卉有限公司与江苏省中国科学院植物研究所联合选育。育种方法为实生选种，母本为‘金陵女神’。

大株型，立叶高 72~110 cm，叶径（34~46）cm ×（39~52）cm，花高 111~185 cm；花期早，群体花期长，6 月中下旬始花至 8 月下旬结束。着花密，开花 12~20 朵 /$m^2$；花蕾卵形，紫红色脉明显，基部黄绿色；花显著高于立叶，花态碗状至碟状；重瓣型，花瓣数 177~205，花径 19~23 cm，最大瓣 10 cm × 6.5 cm；花瓣尖紫红色（Red–Purple 60B），中部白色（White 155D），基部黄色（Yellow 2B）。雄蕊数 115~212，部分瓣化，雄蕊附属物淡黄色，大小约 0.4 cm × 0.1 cm。雌蕊正常，心皮 15~31 枚。花托倒圆锥状、顶面平。

图 11–47　鸡鸣晨钟

该品种为大花型，色彩艳丽，宜作切花。与母本‘金陵女神’相比，该品种为紫红色，且花量大，花态更加规整饱满。

**（20）‘脆嘣嘣’**

‘脆嘣嘣’（图 11–48）2018 年由南京艺莲苑花卉有限公司与江苏省中国科学院植物研究所联合选育。育种方法为人工杂交，母本为‘粉精灵’，父本为‘金陵女神’。

大株型，立叶高 86~100 cm，成熟叶绿色、表面略粗糙，叶径（35 ~46）cm×（31~ 41 ）cm，花高 90~114 cm，近等于叶面。花蕾粉红色基部黄绿色、卵圆锥形。着花密，开花 12~21 朵 /m$^2$；花径 16~21 cm；花态碗状；重瓣型，花瓣数 86~101，内外瓣分界明显；最大瓣（9.2 ~ 10.4）cm×（6.3~7.6）cm；花上部紫红色（Red–Purple 71D），中部粉红色（Red–Purple N74D），基部淡黄色（Yellow 4D）。雄蕊数 210~258，部分瓣化；雄蕊附属物乳白色，大小（2.5~3.6）mm×（1~1.2）mm。雌蕊心皮数 19~25。成熟花托扁球形，顶面平坦，长 7.8~9.5 cm，直径 3.3~4.6 cm。正常结实，鲜莲子（21~22）mm×（16~18）mm，干莲子（15~16）×（12~13）mm，结实率 83.3%~100%。

该品种鲜莲子饱满且口感脆甜无渣，是花莲、子莲兼用型品种。与近似品种‘金陵女神’相比，该品种花色更深、更均匀，且鲜莲子口感更好。

图 11–48 脆嘣嘣

**（21）‘甜滋滋’**

‘甜滋滋’（图 11–49）2018 年由南京艺莲苑花卉有限公司与江苏省中国科学院植物研究所联合选育。育种方法为人工杂交，母本为‘粉青莲’，父本为‘婚纱’。

大株型，立叶高 80~106 cm，成熟叶绿色、表面略粗糙，叶径（35~47）cm ×（31~42）cm，花高 82~128 cm，近等于叶面。花蕾黄绿色，尖部红色、窄卵形。着花密，开花 12~22 朵 /m$^2$；花径 16~22 cm；花态杯状；少瓣型，花瓣数 19~23，最大瓣（11.4~12.4）cm ×（6.9~8.2）cm；花尖端紫红色（Red–Purple 64B），中部白色（White 155B），基部淡黄色（Yellow 5D）。雄蕊数 248~303，正常；雄蕊附属物淡黄色。雌蕊心皮数 18~24。成熟花托扁圆形，顶面平坦，长 7.5~9.8cm，直径 3~4.5 cm。结实率 75 %~95.7 %，鲜莲子大小（20~23）mm ×（15~18）mm，干莲子大小（15~16）mm ×（12~14）mm。

图 11-49　甜滋滋

该品种鲜莲子饱满，且口感清甜无渣，宜花子兼用。与近似品种‘粉青莲’相比，该品种株型更大，花径、花瓣也较大，鲜莲子数量和口感都优于近似品种。

**（22）‘星瑜’**

‘星瑜’（图 11-50）2018 年由江苏省中国科学院植物研究所与南京艺莲苑花卉有限公司联合选育。育种方法为实生选种，母本为‘脉脉含情’。

大株型，立叶高 74~92cm，叶径（27~41）cm ×（32~48）cm，花高 78~128 cm。花期早，群体花期长，6 月初始花至 8 月底结束。着花密，开花 15~20 朵 /$m^2$；花蕾卵形，黄绿色，尖红色；花显著高于立叶，花态独特；重台型，花瓣数 462~490，花径 16~19 cm，内层花瓣形状特别（尖），最大瓣 9.1 cm × 6.2 cm；花瓣尖紫红色（Red-Purple 60B），中部白色（White 155A），瓣脉明显，基部淡黄色（Yellow 2C）。雄蕊全部瓣化。雌蕊瓣化，心皮 12~22 枚。花托退化、瓣化心皮宿存，不结实。

该品种花态独特，花色雅致，极具特色，花瓣瓣尖向内折叠、雄蕊完全瓣化、雌蕊心皮泡状或瓣化。与母本‘脉脉含情’相比，该品种花色更加丰富，花态更加优雅。

图 11-50　星瑜

**（23）‘南诏雪峰’**

‘南诏雪峰’（图 11-51）2018 年由江苏省中国科学院植物研究所与南京艺莲苑花卉有限公司联合选育。育种方法为人工杂交，母本为‘雨落花台’，父本为‘巨无霸’。

大株型品种。立叶高 58~75 cm，叶径（34~50）cm ×（40~58）cm，花高 79~106 cm；成熟叶深绿色、表面光滑，花期早，群体花期长，6 月初始花至 8 月底结束。着花较密，开花 12~18 朵 / $m^2$；花蕾阔卵形，绿色、尖红色；花显著高于立叶，花态叠球状；重瓣型，花瓣数 475~507，花径 21~26 cm，最大瓣 13.2cm × 9.2 cm；花白色（White 155B），基部淡黄色（Yellow 3D），外瓣瓣尖一点红色（Red-Purple 58A）。雄蕊数 138~156，雄蕊附属物白色。雌蕊正常，心皮 11~19 枚。花托倒圆锥状、顶面平，基本不结实。

该品种为大花型，观赏性佳，宜作切花品种。与母本‘雨落花台’相比，该品种花型更大，花态更加飘逸洒脱。

图 11-51　南诏雪峰

**（24）‘栖霞秋叶’**

‘栖霞秋叶’图（11–52）2018 年由南京艺莲苑花卉有限公司与江苏省中国科学院植物研究所联合选育。育种方法为实生选种，母本为‘小三色’。

图 11–52　栖霞秋叶

中株型，立叶高 56~76 cm，成熟叶绿色、表面光滑，叶径（28~32）cm ×（30~38）cm，花高 75~116 cm。花期早，群体花期长，6 月初始花至 8 月底结束。着花密，开花 8~14 朵 /$m^2$；花蕾长卵形，橙红色；花显著高于立叶，花态酒杯状开放至飞舞状；少瓣型，花瓣数 15~19，花径 17~20 cm，最大瓣 12.6 cm × 5.6 cm；花瓣尖紫红色（Red–Purple 58A，红色脉纹向下延伸），基部黄色（Yellow 5A）。雄蕊数 190~203，雄蕊附属物黄色，大小约 0.5 cm × 0.1 cm。雌蕊正常，心皮 9~14 枚；花托形状独特、顶面凹，观赏性佳。不结实。

该品种花色新颖，色彩丰富、浓郁。青熟花托形状特别，观赏性佳。与母本‘小三色’相比，本品花色种偏橙色，株型更大，花态更加飘逸，且群体花期长。

**（25）‘秦淮灯影’**

‘秦淮灯影’（图 11–53）2018 年由江苏省中国科学院植物研究所与南京艺莲苑花卉有限公司联合选育。育种方法为实生选种，母本为‘秦淮月夜’。

大株型，立叶高 52~89 cm，成熟叶深绿色、表面光滑，叶径（32~45）cm ×（39~52）cm，花高 69~113 cm。花期早，群体花期长，6 月中始花至 8 月下旬结束。着花密，开花 12~25 朵 /$m^2$；花蕾阔卵形，黄绿色，尖红色；花显著高于立叶，花态叠球状；重台型，花瓣数 373~443，花径 16~20 cm，最大瓣 8.6 cm × 5.7 cm；花瓣尖紫红色（Red–Purple 59D），红色脉纹延伸，基部黄色（Yellow 2A）；变瓣黄绿色（Yellow–Green 144B）。雄蕊完全瓣化，偶见雄蕊；雌蕊全部泡状或瓣化，心皮 14~19 枚。花托退化，不结实。

图 11-53　秦淮灯影

该品种为复色重台型，花色独特，颜色丰富有层次，最外层黄绿色、外瓣红色近古铜色、内层变瓣黄绿色，花态叠球状、饱满。与母本‘秦淮月夜’相比，该品种花色更加丰富灵动，且花量更大。

**（26）‘秦淮桨声’**

‘秦淮桨声’（图 11-54）2018 年由南京艺莲苑花卉有限公司与江苏省中国科学院植物研究所联合选育。育种方法为实生选种，母本为‘俊愉莲’。

中株型，立叶高 37~48 cm，成熟叶深绿色、表面光滑，叶径（29~38）cm×（33~42）cm，花高 50~67 cm。花期早，群体花期长，6 月中始花至 8 月下旬结束。着花较密，开花 7~14 朵 /m$^2$；花蕾卵形，黄绿色，尖红色；花显著高于立叶，花态碗状；重瓣型，花瓣数 140~153，花径 18~21 cm，最大瓣 9.5 cm×5.7 cm；花瓣尖边缘红色（Red-Purple 58A），红色脉纹延伸，基部黄色（Yellow 3B）。雄蕊数 28~38。雌蕊正常，心皮 17~28 枚。花托扁圆形、顶面凸，极少结实。

该品种为复色重瓣型，花色新颖、清新雅致，花态碗状、规整。与母本‘俊愉莲’相比，该品种花色更加清新秀丽，花态更加规整，观赏性更强。

图 11-54　秦淮桨声

**（27）'琴册'**

'琴册'（图 11-55）2018 年由华南农业大学与南京艺莲苑花卉有限公司联合选育。育种方法为实生选种，母本为'琴谱'。

中株型，立叶高 34~43 cm，叶径（24~33）cm ×（26~30）cm，花高 40~83 cm。花期早，群体花期长，6 月中始花至 8 月下旬结束。着花较密，开花 7~13 朵 /$m^2$；花蕾纺锤形，绿色、尖红色；花显著高于立叶，花态杯状；少瓣型，花瓣数 16~20，花径 16~22 cm，最大瓣 9.4 cm × 5.4 cm；花瓣尖紫红色（Red-Purple 59B），中部淡黄色（Yellow 2D，脉明显），基部黄色（Yellow 4B）；雄蕊数约 103，雄蕊附属物淡黄色。雌蕊正常，心皮 10~24 枚。青熟花托侧面绿色（Green 144B），花托碗形、顶面平。

图 11–55　琴册

该品种为复色少瓣型，花色鲜丽、瓣脉明显。与母本‘琴谱’相比，该品种花色更丰富，花型更规整。

**（28）‘丝路花语’**

‘丝路花语’（图 11–56）2018 年由江苏省中国科学院植物研究所与南京艺莲苑花卉有限公司联合选育。育种方法为实生选种，母本为‘金丝猴’。

中株型，立叶高 53~80 cm，成熟叶绿色、表面光滑，叶径（30~37）cm×（32~43）cm；花高 60~131 cm。花期早，群体花期长，6 月中始花至 8 月下旬结束。着花密，开花 17~25 朵 /$m^2$；花蕾长卵形，绿色、尖红色；花显著高于立叶，花态初开为爪盘状，后期为飞舞状；少瓣型，花瓣数 18~21，花径 15~21 cm，最大瓣 9.4 cm × 4.7 cm；花瓣尖紫红色（Red–Purple N66C），中部淡黄色（Yellow 4B），基部淡黄色（Yellow 3C）。雄蕊数 237~258，无瓣化，雄蕊附属物黄色。雌蕊正常，心皮 14~28 枚。花托侧面黄绿色（Yellow–Green 145A），青熟花托形状独特，观赏性佳。

图 11-56　丝路花语

该品种复色，最外层红色 + 黄绿色，中间淡黄色，花托绿色，青熟花托形状特别，观赏性佳。与母本‘金丝猴’相比，该品种花色更丰富，花态特别，姿态更加优美。

**（29）‘钟山红澜’**

‘钟山红澜’（图 11–57）2018 年由江苏省中国科学院植物研究所与南京艺莲苑花卉有限公司联合选育。育种方法为人工杂交，母本为‘新雨花情’、父本‘卓越’。

中株型，立叶高 43~69 cm，叶径（28~38）cm×（31~46）cm，花高 56~93 cm。花期早，群体花期长，6 月中始花至 8 月下旬结束。着花密，开花 12~22 朵 /m$^2$；花蕾卵形，紫红色基部绿色；花显著高于立叶，花态独特；重瓣型，花瓣数 86~92，花径 15~19 cm，最大瓣 7.9 cm×5.2 cm；花瓣尖紫红色（Red–Purple 58A），基部黄色（Yellow 3B）；瓣脉明显。雄蕊数 164~196，雄蕊附属物白色。雌蕊正常，心皮 14~23 枚。花托侧面绿色（Green 138B），扁圆形。

图 11-57　钟山红澜

该品种花态独特，花瓣瓣尖内扣，花托突出，花色艳丽。与母本‘新雨花情’相比，该品种花色更深，且花态独特，别致。

**（30）‘紫金朝霞’**

‘紫金朝霞’（图 11-58）2018 年由南京艺莲苑花卉有限公司与江苏省中国科学院植物研究所联合选育。育种方法为实生选种，母本为‘土心缘’。

中株型，立叶高 52~81 cm，叶径（28~37）cm ×（35~49）cm，花高 76~119 cm。成熟叶绿色且叶尖紫红色、表面光滑，花期早，群体花期长，6 月中始花至 8 月下旬结束。着花密，开花 18~21 朵 /$m^2$；花蕾卵形，黄绿色、尖红色；花显著高于立叶，花态碟状；重台型，花瓣数 159~180，花径 19~26 cm，最大瓣 10.6 cm × 7 cm；花瓣尖及边缘红色（Red-Purple 60C），中部白色（White 155C），基部淡黄色（Yellow 3D）。雄蕊数 230~251，雄蕊附属物白色；雌蕊泡状或瓣化，心皮 12~23 枚。花托倒圆锥状、顶面凸，不结实。

图 11–58　紫金朝霞

该品种为复色重台型，花瓣瓣尖边缘及下表面红色瓣脉明显；花态碟状，内外瓣分界明显、排列规整。与母本‘土心缘’相比，该品种花色更加新颖，淡妆如画，红色镶边，观赏性更佳。

**（31）‘竹海晚霞’**

‘竹海晚霞’（图 11–59）2017 年由华南农业大学与南京艺莲苑花卉有限公司联合选育。育种方法为人工杂交，母本为‘逸仙莲’，父本为‘伯里夫人’。

大中型。立叶高 70 cm，叶径 24~28 cm，花高 103 cm。花期早，5 月 23 日始花，花期长。花蕾长卵圆锥形，花粉红色，花态碗状；少瓣型，花瓣数 19 枚，花径 17 cm，着花量大，单盆（盆径 460 mm）开花 7 朵。雌蕊、雄蕊正常。盆栽能结实，心皮数 12 枚。附属物白色大，长，多。

图 11–59 竹海晚霞

**（32）‘草原之梦’**

‘草原之梦’（图 11-60）2017 年由华南农业大学与南京艺莲苑花卉有限公司联合选育。育种方法为人工杂交，母本为‘金叠玉’，父本为‘舞剑’。

大中型，立叶高 85 cm，叶径 26~33 cm，花高 132 cm。花期早，5 月 14 日始花，花期长。花蕾卵圆锥形，花黄色，花态碗状；重台型，花瓣数 245 枚，花径 16 cm，着花密，单盆（盆径 460 mm）开花 7 朵。雄蕊部分瓣化。雌蕊全泡化。盆栽不能结实。可以做切花。

图 11-60　草原之梦

**（33）‘古都红韵’**

‘古都红韵’（图 11–61）2017 年由华南农业大学与南京艺莲苑花卉有限公司联合选育。育种方法为人工杂交，母本为‘中国红·北京’，父本为‘珠峰翠影’。

大中型，立叶高 90 cm，叶径 22~24 cm，花高 125 cm。花期中，6 月 1 日始花，花期长。花蕾长卵圆锥形，花红色，花态杯状；少瓣型，花瓣数 17 枚，花径 19 cm，着花密，单盆（盆径 460 mm）开花 10 朵。雄蕊附属物红色少、长、小。雄蕊正常。盆栽部分结实，心皮约 13 枚。

图 11–61　古都红韵

**（34）‘鸡鸣暮鼓’**

‘鸡鸣暮鼓’（图 11–62）2018 年由南京艺莲苑花卉有限公司与江苏省中国科学院植物研究所联合选育。育种方法为实生选种，母本为‘金陵女神’。

大株型，立叶高 86~111 cm，叶径（32~39）cm ×（39~51）cm，花高 106~145 cm。花期早，群体花期长，6 月初始花至 8 月底结束。着花密，开花 16~24 朵 /$m^2$；花蕾卵形，紫红色脉明显，基部黄绿色；花显著高于立叶，花态碟状；重台型，花瓣数 146~178，花径 19~24 cm，最大瓣 10.2 cm × 6.6 cm；花瓣尖紫红色（Red–Purple 60C），中部白色（White 155D），紫红色瓣脉明显，基部黄色（Yellow 3C）。雄蕊数 130~152，部分瓣化，雄蕊附属物淡黄色。雌蕊泡状，心皮 16~24 枚。花托倒圆锥状，顶面凸。

该品种色彩艳丽，花态规整，花量大，宜作切花。与母本‘金陵女神’相比，该品种花色更加艳丽，花态更加规整。

图 11–62　鸡鸣暮鼓

**（35）'探空'**

'探空'（图 11-63）2017 年由江苏省中国科学院植物研究所与南京艺莲苑花卉有限公司联合选育。育种方法为人工杂交，母本为'金丝猴'，父本为'摄山丹叶'。

观赏用品种。大株型，立叶高 67~82 cm，叶径（33~38）cm×（38~41）cm，花高 116~140 cm。花期早，群体花期长，约 6 月 20 日始花至 8 月底结束。着花密，开花 12~17 朵/$m^2$；花蕾长窄卵形（长 10.3~12.8 cm），深紫红色；花显著高于立叶，花态飞舞状；少瓣型，花瓣数 18~21，花径 26~30 cm，最大瓣 12.4 cm×4.9 cm，最小瓣 8.9 cm×2.1 cm；花瓣尖玫红色（Red-Purple 60B），中部红色（Red-Purple N57D），基部淡黄色（Yellow 3B）。雄蕊数 89~134，正常，雄蕊附属物具彩斑，花药深黄色，花丝淡黄色。雌蕊正常，心皮 9~13 枚。青熟花托侧面黄绿色（Yellow-Green 144C），喇叭状。

该品种色彩艳丽、瓣脉清晰，花姿挺拔、飘逸，具有极高观赏价值。

'探空' 在 2020 年获得了国际登录品种证书（图 11-64）。

图 11-63　探空

THE INTERNATIONAL REGISTRATION CERTIFICATE OF NEW CULTIVAR FOR *NELUMBO*

This is to certify that LIU Xiaojing, YAO Dongrui from Institute of Botany, Jiangsu Province and Chinese Academy of Sciences and DING Yuesheng from Nanjing Yileen Water Garden Co., Ltd. officially registered the cultivar:

*Nelumbo* 'Tan Kong'（'探空'）

All provisions, rules and recommendations of the 9th edition (2016) of the International Code of Nomenclature for Cultivated Plants have been satisfied in the registration process

Registered: 20-November-2020

**The International Waterlily and Water Gardening Society**

Chenshan Plant Science Research Center of Chinese Academy of Sciences, Shanghai Chenshan Botanical Garden

International Nelumbo Registrar

Daike Tian

No.0176

图 11–64　'探空'相关证书

**（36）'陶令诗篇'**

'陶令诗篇'（图 11–65）2017 年由江苏省中国科学院植物研究所与南京艺莲苑花卉有限公司联合选育。育种方法为人工杂交，母本为'大师'，父本为'秣陵秋色'。

观赏用品种。中株型，立叶高 29~59 cm，叶径（22~27）cm×（25~32）cm，花高 34~67 cm。花期早，群体花期长，约 6 月 18 日始花至 8 月底结束。着花密，开花 12~18 朵 /$m^2$；花蕾长卵形，基部黄绿色，尖红色；花显著高于立叶，花态碟状；重瓣型，花瓣数 86~101，花径 11~17 cm，最大瓣 9.2 cm×4.4 cm，最小瓣 7.2 cm×1.2 cm；花色：瓣尖紫红色（Red–Purple 60C），中部橙黄色（Yellow 8D），红色脉纹明显，下表面红色脉（Red 51D），基部黄色（Yellow 4B）。雄蕊数 103~112，雄蕊附属物淡黄色，花药深黄色，花丝淡黄色。雌蕊正常，心皮 6~12 枚。

该品种花色新颖，偏橙色，色彩绚丽、脉纹清丽。花态碟状，随开放逐渐展开，外瓣平展但内瓣紧凑集中。

'陶令诗篇' 在 2020 年获得了国际登录品种证书（图 11–66）。

图 11-65 陶令诗篇

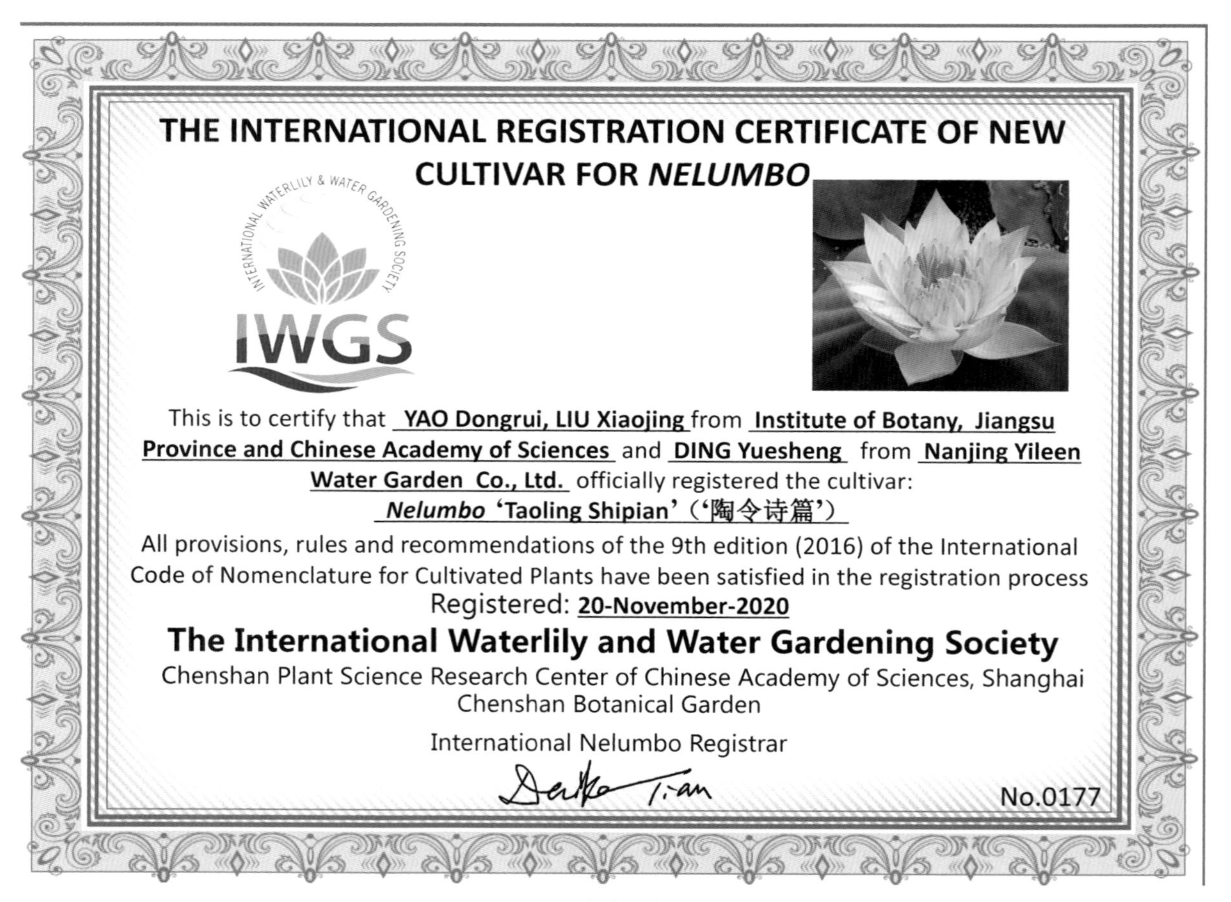

THE INTERNATIONAL REGISTRATION CERTIFICATE OF NEW CULTIVAR FOR *NELUMBO*

INTERNATIONAL WATERLILY & WATER GARDENING SOCIETY

IWGS

This is to certify that YAO Dongrui, LIU Xiaojing from Institute of Botany, Jiangsu Province and Chinese Academy of Sciences and DING Yuesheng from Nanjing Yileen Water Garden Co., Ltd. officially registered the cultivar:

*Nelumbo* 'Taoling Shipian'（'陶令诗篇'）

All provisions, rules and recommendations of the 9th edition (2016) of the International Code of Nomenclature for Cultivated Plants have been satisfied in the registration process

Registered: 20-November-2020

**The International Waterlily and Water Gardening Society**

Chenshan Plant Science Research Center of Chinese Academy of Sciences, Shanghai Chenshan Botanical Garden

International Nelumbo Registrar

No.0177

图 11-66 '陶令诗篇'相关证书

## （二）国际登录品种

**（1）'紫金绰影'**

'紫金绰影'（图 11–67、图 11–68）2009 年由江苏省中国科学院植物研究所与南京艺莲苑花卉有限公司联合选育。该品种花大、显著高于立叶，气势宏伟，因在南京紫金山选育而得名。

大中型，池栽（规格 1.5 m × 1.5 m）条件下立叶高 34~71 cm。叶柄长 30~70 cm，直径 8~11 mm，被刺多；成熟叶绿色、近圆形、飞雁翅状，表面略粗糙，叶鼻间距近无，叶径（42~57）cm ×（34~49.5）cm；花期较早，6 月下旬始花，群体花期长。着花较密，开花 13~17 朵 /m$^2$；花蕾卵圆锥形，基部绿色、顶部红色；花显著高于立叶；花态碟状；重瓣型，花瓣数 80~98，花径 25~29 cm；外被倒卵形，内被倒披针形，最大瓣（12~13.5）cm ×（5.8~8.5）cm；花复色，基部淡黄色（yellow 3C），中部近白色（yellow 4D），瓣尖紫红色（Red–Purple 59D）。雄蕊部分瓣化，数量 240~276，长 3.1~3.4 cm；附属物白色，大小（3.5~4）mm ×（1~1.5）mm。雌蕊心皮 19~28 枚，正常。近成熟花托扁球形，长度 4.5~6.3 cm，直径 8.5~10 cm，顶面平坦，边缘近全缘。很少结实，种子纺锤形，突出花托表面，大小（12~14.5）cm ×（5.6~6.8）cm。地下径一般膨大，筒形。适宜池栽或塘栽。

图 11–67　紫金绰影

## THE INTERNATIONAL REGISTRATION CERTIFICATE OF NEW CULTIVAR FOR *NELUMBO*

This is to certify that Institute of Botany, Jiangsu Province and Chinese Academy of Sciences and Nanjing Yileen Company have officially registered the cultivar:

***Nelumbo nucifera* 'Zijin Chuoying'（'紫金绰影'）**

All provisions, rules and recommendations of the International Code of Nomenclature for Cultivated Plants 2009 have been satisfied in the registration process.

Registered: 16-November-2015

**The International Waterlily and Water Gardening Society**

Chenshan Plant Science Research Center of Chinese Academy of Sciences,
Shanghai Chenshan Botanical Garden

International Nelumbo Registrar

**No. 0044**

图 11–68　'紫金绰影' 国际登录证书

同近似品种‘珠峰翠影’相比较，该品种花冠直径更大，花色更丰富，为复色，花被红色瓣脉明显，且雄蕊变瓣具红色和绿色斑点，心皮发育正常，黄绿色；而‘珠峰翠影’为白色花，心皮部分瓣化或泡状，深绿色。

**（2）‘六朝金粉’**

‘六朝金粉’（图 11–69、图 11–70）2013 年由江苏省中国科学院植物研究所与南京艺莲苑花卉有限公司联合选育。该品种花色为淡黄色，因在六朝古都南京培育而得名。

中小型，池栽（4 m × 6 m）条件下立叶高 41~79 cm。叶柄长 38~72 cm，直径 5~7 mm，被刺少；成熟叶绿色，近圆形，飞雁翅状，表面光滑，叶鼻间距狭窄；叶径（30~43）cm ×（25~34）cm；花期早，6 月上旬始花，群体花期长，约 89 d。着花较密，开花 12~19 朵 /m$^2$；花蕾长卵圆锥形，黄绿色；花显著高于立叶；花态初开杯状，盛开飞舞状；少瓣型，花瓣数 18~23，花径 18~24 cm；花瓣倒披针形，大小（6~11）cm ×（3~7.5）cm；花淡黄色，清新亮丽，最外层花瓣中上部黄绿色（Yellow–Green N144A），其余花瓣黄色（上部 Green–yellow 1D，基部 Green–yellow 1A）。雄蕊正常，数量 156~184，长 3.4~3.8 cm；附属物大，淡黄色。雌蕊心皮 8~13 枚。种子败育，结实率极低；青熟花托喇叭状，顶面微凹，边缘近全缘。

与近似品种‘海鸥展翅’相比较，该品种花期更早，群体花期更长，花色更偏黄色，花瓣两侧稍向内卷曲，而‘海鸥展翅’花瓣中部向上翘起，犹如海鸥翅膀。

图 11–69　六朝金粉

THE INTERNATIONAL REGISTRATION CERTIFICATE OF NEW CULTIVAR FOR *NELUMBO*

This is to certify that Dongrui YAO, Xiaojing LIU, Fengfeng DU, Yajun CHANG and Naiwei LI from Institute of Botany, Jiangsu Province and Chinese Academy of Sciences and Yuesheng DING from Nanjing Yileen Water Garden Co., Ltd. have officially registered the cultivar:

***Nelumbo nucifera*** **'Liuchao Jinfen'（'六朝金粉'）**

All provisions, rules and recommendations of the 9th edition (2016) of the International Code of Nomenclature for Cultivated Plants have been satisfied in the registration process.

Registered: 15-December-2016

**The International Waterlily and Water Gardening Society**

Chenshan Plant Science Research Center of Chinese Academy of Sciences

Shanghai Chenshan Botanical Garden

International Nelumbo Registrar

Daike Tian

**No. 0058**

图 11–70　'六朝金粉'国际登录证书

**（3）‘钟山祥瑞’**

‘钟山祥瑞’图（11–71，图 11–72）2013 年由江苏省中国科学院植物研究所与南京艺莲苑花卉有限公司联合选育。

图 11–71　钟山祥瑞

**THE INTERNATIONAL REGISTRATION CERTIFICATE OF NEW CULTIVAR FOR *NELUMBO***

This is to certify that Dongrui YAO, Xiaojing LIU, Fengfeng DU, Yajun CHANG and Naiwei LI from Institute of Botany, Jiangsu Province and Chinese Academy of Sciences and Yuesheng DING from Nanjing Yileen Water Garden Co., Ltd. have officially registered the cultivar:

*Nelumbo nucifera* ‘Zhongshan Xiangrui’（‘钟山祥瑞’）

All provisions, rules and recommendations of the 9th edition (2016) of the International Code of Nomenclature for Cultivated Plants have been satisfied in the registration process.

Registered: 15-December-2016

**The International Waterlily and Water Gardening Society**

Chenshan Plant Science Research Center of Chinese Academy of Sciences

Shanghai Chenshan Botanical Garden

International Nelumbo Registrar

Daike Tian

**No. 0059**

图 11–72‘钟山祥瑞’国际登录证书

大中型，池栽（规格 4 m × 6 m）条件下立叶高 74~124 cm，叶柄长 70~119 cm，直径 11~12 mm，被刺少；成熟叶墨绿色、近圆形、飞雁翅状，表面光滑，叶鼻间距狭窄，叶径（45~58）cm ×（41~57）cm。花期较早，6 月下旬始花，群体花期长，约 84d。着花较密，开花 10~16 朵 /$m^2$；花蕾卵圆锥形，黄绿色；花显著高于立叶，花态飘逸，为碟状；重瓣型，外层花瓣宽大，内层比较细碎，花瓣数 115~135，花径 25~32 cm；花瓣外被倒卵形，大小（9~20）cm ×（8.7~11.5）cm，内被倒披针形，大小（6~9.6）cm ×（0.5~2）cm；花淡黄色，最外层花瓣中上部绿色（Yellow-green 144C），内层淡黄色（上部 Green-yellow 1C，基部 Yellow 4B），最内层雄蕊变瓣瓣尖黄绿色（Yellow-Green 145B）。雄蕊部分瓣化，数量 239~271，长 3.2~3.6 cm；附属物大，淡黄色，长 6~8 mm，宽 1.5~2 mm。雌蕊心皮 17~24 枚。近成熟花托碗形、绿色，顶面微凹，边缘近全缘。种子多败育，结实率低；种子卵形，长 16~18 mm，宽 9~11 mm，灰褐色。地下茎一般膨大。

同近似品种‘剑舞’相比较，该品种花瓣数增多，花型由单瓣变为重瓣型，花瓣形状由窄长变为倒卵形，花态更为饱满，且花期提前，着花密度明显增多。

**（4）‘紫金红’**

‘紫金红’（图 11-73，图 11-74）2013 年由南京艺莲苑花卉有限公司选育。该品种开放时，花色瑰丽，不似艳红，也不似粉红，而是一种别样的红。因该品种培育点为南京且紫金山为南京的一个经典景点，故以紫金冠名。

图 11–73　紫金红

## THE INTERNATIONAL REGISTRATION CERTIFICATE OF NEW CULTIVAR FOR *NELUMBO*

This is to certify that Yuesheng Ding from Nanjing Yileen Water Garden Co.,Ltd has officially registered the cultivar:

***Nelumbo* 'Zijin Hong'（'紫金红'）**

All provisions, rules and recommendations of the 9th edition (2016) of the International Code of Nomenclature for Cultivated Plants have been satisfied in the registration process.

Registered on: 18-December-2016

**The International Waterlily and Water Gardening Society**

Chenshan Plant Science Research Center of Chinese Academy of Sciences
Shanghai Chenshan Botanical Garden

International Nelumbo Registrar

**No. 0067**

图 11–74　'紫金红'国际登录证书

中株型，池栽（规格 1.5 m × 1.5 m）条件下立叶高 35~67 cm，叶柄长 27~50 cm，直径 4~7 mm，被刺少；成熟叶绿色、近圆形、平展，表面光滑，叶径（16.8~37.8）cm ×（15.5~30）cm。花期较早，6 月中旬始花，群体花期长，适宜池栽或塘栽。着花密，开花 20~25 朵 /m$^2$；花蕾长卵圆锥形，红色；花显著高于立叶；花态飞舞状；少瓣型，花瓣数 20~23，花径 18~22 cm；花瓣匙形，最大者（8~9.6）cm ×（3.2~5.2）cm；花红色，基部淡黄色（Yellow 5C），中部紫红色（Red–Purple 63C），瓣尖紫红色（Red–Purple 63A）。雄蕊正常，数量 210~220，长 3.3~3.8 cm；附属物白色，大小（3~4）mm ×（0.9~1.1）mm。雌蕊正常，心皮 12~19 枚。近成熟花托喇叭状，长 4.6~6.3 cm，直径 3.5~5.1 cm，顶面微凹，边缘近全缘。正常结实，种子卵形，近平行花托表面。地下茎一般膨大，短筒形。

‘紫金红’没有近似品种‘大花轿’艳丽，但是另有一番特色，花型整体比‘大花轿’更小些，花态更加规整大方，花朵显著高于叶片，开花密度较高，具有较强的观赏效果。

**（5）‘秦淮淡妆’**

‘秦淮淡妆’（图 11–75，图 11–76）2014 年由江苏省中国科学院植物研究所与南京艺莲苑花卉有限公司联合选育。该品种育成于秦淮之地 —— 南京，花色淡雅、俏丽，似着淡雅妆容，故称之为‘秦淮淡妆’。

图 11–75　秦淮淡妆

**THE INTERNATIONAL REGISTRATION CERTIFICATE OF NEW CULTIVAR FOR *NELUMBO***

This is to certify that YAO Dongrui, LIU Xiaojing, DU Fengfeng, CHANG Yajun from Institute of Botany, Jiangsu Province and Chinese Academy of Sciences and DING Yuesheng from Nanjing Yileen Water Garden Co., Ltd. have officially registered the cultivar:

***Nelumbo* 'Qinhuai Danzhuang'（'秦淮淡妆'）**

All provisions, rules and recommendations of the 9th edition (2016) of the International Code of Nomenclature for Cultivated Plants have been satisfied in the registration process.

**Registered on: 26-November-2017**

**The International Waterlily and Water Gardening Society**

Chenshan Plant Science Research Center of Chinese Academy of Sciences

Shanghai Chenshan Botanical Garden

International Nelumbo Registrar

Daike Tian

**No. 0081**

图 11–76　'秦淮淡妆'国际登录证书

中株型，池栽（规格：1.5 m × 1.5 m）条件下立叶高 35~55 cm，叶柄长 20~46 cm，直径 6~8 mm，被刺少；成熟叶暗绿色、椭圆形、凹形，表面光滑，叶鼻间距狭窄，叶径（21~42）cm ×（18~37）cm。花期较早，6 月上旬始花，群体花期长，约 68 d。着花较密，开花 14~18 朵 /m$^2$；花蕾长卵圆锥形，上部紫红色，基部绿色；花显著高于立叶，花态杯状；少瓣型，花瓣数 16~23；花径 11~15 cm；花瓣倒卵形至倒卵披针形，大小（7.8~11.7）cm ×（2.3~7）cm；花复色，瓣尖紫红色（Red–Purple 64B），中部淡黄色（Yellow 2D），红色脉纹明显相映，基部黄色（Yellow 3C），最外层花瓣黄绿色（Yellow–Green 144B）。雄蕊数 145~171，长 3.3~3.6 cm；附属物较大，大小（5~6）mm ×（1~2）mm，乳白色。雌蕊心皮 13~19 枚，发育正常。青熟花托绿色、倒圆锥状，长 4.5~6 cm，直径 4.5~9.5 cm，表面平坦，边缘近全缘至不规则浅波状。果实椭圆形，长 20~23 mm，宽 12~18 mm，表面光亮，顶端平行于莲蓬表面。地下茎一般膨大。

近似品种‘水蜜桃’瓣尖红紫色（Red–Purple 67B），中间白色，花态碗状；‘秦淮淡妆’瓣尖颜色更深（Red–Purple 64B），红紫色面积更大延伸至边缘，中间红色与淡黄色相映衬，花态杯状，花朵气质更佳。

‘秦淮淡妆’在 2017 年第三十一届全国荷花展览中，荣获大、中荷花新品种评比一等奖（图 11–77）。

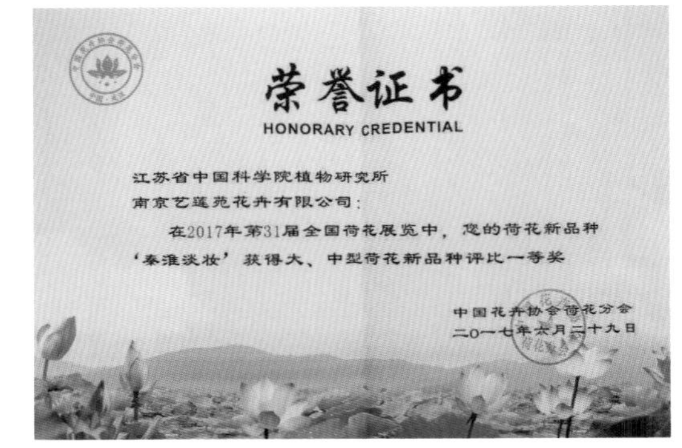

荣誉证书

HONORARY CREDENTIAL

江苏省中国科学院植物研究所

南京艺莲苑花卉有限公司：

在2017年第31届全国荷花展览中，您的荷花新品种‘秦淮淡妆’获得大、中型荷花新品种评比一等奖

中国花卉协会荷花分会

二〇一七年六月二十九日

图 11–77 ‘秦淮淡妆’相关证书

**（6）‘红衣舞者’**

‘红衣舞者’（图 11–78，图 11–79）2014 年由南京农业大学与南京艺莲苑花卉有限公司联合选育。该品种花色以及附属物都为红色，花型飞舞状，静谧优美，犹如一位安静地跳动的舞者，故名‘红衣舞者’。

图 –78 红衣舞者

THE INTERNATIONAL REGISTRATION CERTIFICATE OF NEW CULTIVAR FOR *NELUMBO*

IWGS

This is to certify that XU Yingchun from Nanjing Agricultural University has officially registered the cultivar:

*Nelumbo* 'Hongyi Wuzhe'（'红衣舞者'）

All provisions, rules and recommendations of the 9th edition (2016) of the International Code of Nomenclature for Cultivated Plants have been satisfied in the registration process.

Registered on: 28-December-2017

The International Waterlily and Water Gardening Society

Chenshan Plant Science Research Center of Chinese Academy of Sciences

Shanghai Chenshan Botanical Garden

International Nelumbo Registrar

No. 0091

图 11–79 '红衣舞者'国际登录证书

小株型，池栽为中株型，立叶高 64~79cm。叶柄长 52~62 cm，直径 8~9 mm，被刺多；幼叶绿色；立叶表面绿色、光滑，凹形、近圆形，长 34~37 cm、宽 27~32 cm，立叶密度 37~41 片 /m$^2$。花期 6 月上旬到 8 月中旬，单朵花期 5~6 d。着花较密，开花 26~29 朵 /m$^2$，花稍高于或近等于叶面；花蕾红绿色；花态飞舞状；少瓣型，花径 17~19 cm，花瓣数 19~22，花瓣倒卵形，大小（6.6~10.1）cm ×（1.9~5.7）cm；花基部黄色（Yellow 2D）、中部和上部紫红色（Red–Purple 64C）。雄蕊数 115~120，长 3.4~3.7 cm；花丝淡黄色，大小（15~17）mm ×（0.8~0.9）mm；花药黄色，大小（11~12）mm × 1 mm；附属物红色，大小（5~6）mm ×（1.5~2）mm。雌蕊发育正常，心皮 10~18 枚，部分结实。成熟莲蓬倒圆锥状，长 5.3~5.5 cm，直径 8.5~9 cm，绿色，顶面平坦，边缘不规则波状。地下茎一般膨大、长筒形。抗病性弱。

同亲本'红袖'（艺莲苑原有品种）相比，该品种花瓣较宽，花瓣数较多，附属物为红色。

同近似品种'巨子'相比，'红衣舞者'颜色较浅，附属物为红色，花瓣较宽、圆润，花态飞舞状；而'巨子'颜色较深，附属物为淡黄色，花瓣较狭窄，花态碟状。同近似品种'易建'莲相比，'红衣舞者'附属物较'易建'莲红、也更均匀，花态为飞舞状；'易建'莲的花瓣更圆润，花态为碟状，姿态略微不同。

**（7）‘惊鸿舞’**

‘惊鸿舞’（图 11–80、11–81）2013 年由南京农业大学与南京艺莲苑花卉有限公司联合选育。该品种花态碗状，雄蕊瓣化瓣向中间弯曲，犹如舞者手持丝带在跳“惊鸿”舞，故得此名。

图 11–80　惊鸿舞

池栽为中小型品种，株高 32~52.5 cm。叶柄长 24~42 cm，直径 3~5 mm，被刺多；幼叶绿色；立叶表面绿色、光滑，平展、近圆形，长 14~28 cm、宽 10.7~22 cm；立叶密度 25~33 片 /m$^2$。花期 6 月中旬到 8 月中旬，单朵花期 3~4 d。着花较密，开花 12–16 朵 /m$^2$，花稍高出叶面；花蕾红色；花态碗状；少瓣型，花瓣数 22~25，花径 8~12.5 cm，花瓣外层被片倒卵形，其余倒披针形，大小（6.5~8.5）cm ×（1.2~3）cm；花基部淡黄白色（White N155B），中部红色（Red 55B），上部紫红色（Red–Purple 67A）。雄蕊数 103~108，长 2.9~3.9 cm，少数瓣化；花丝淡黄色，长 14~18 mm，细；花药黄色，大小（9~12）mm × 1 mm；附属物白色、顶部带红斑，大小（2~3）mm × 1 mm。雌蕊发育正常，心皮 4~6 枚，不结实。成熟莲蓬狭喇叭状，长 2.5~3 cm，直径约 2 cm，黄绿色，顶面平坦，边缘近全缘。地下茎一般膨大、短筒形。抗病性强。

同亲本‘雨花情’相比，‘惊鸿舞’株型花型更小，花瓣数量更少，颜色更加鲜艳。

同相似品种‘晚晴’相比，‘惊鸿舞’雌蕊没有瓣化，雄蕊瓣化数量较少，花瓣数量较少，花态更加优美。

THE INTERNATIONAL REGISTRATION CERTIFICATE OF NEW CULTIVAR FOR *NELUMBO*

This is to certify that Yingchun XU from Nanjing Agricultural University has officially registered the cultivar:

***Nelumbo* 'Jinghong Wu'（'惊鸿舞'）**

All provisions, rules and recommendations of the 9th edition (2016) of the International Code of Nomenclature for Cultivated Plants have been satisfied in the registration process.

Registered on: 18-December-2016

**The International Waterlily and Water Gardening Society**

Chenshan Plant Science Research Center of Chinese Academy of Sciences
Shanghai Chenshan Botanical Garden

International Nelumbo Registrar

Deke Tian

No. 0062

图 11-81 '惊鸿舞'国际登录证书

（8）'青青子衿'

'青青子衿'（图 11-82、图 11-83）2014 年由南京农业大学与南京艺莲苑花卉有限公司联合选育。花刚开时为绿色，然后颜色逐渐变淡，淡雅清新，宛若佳人，让人想起《诗经》中名句："青青子衿，悠悠我心"，故名'青青子衿'。

图 11-82 青青子衿

THE INTERNATIONAL REGISTRATION CERTIFICATE OF NEW CULTIVAR FOR *NELUMBO*

IWGS

INTERNATIONAL WATERLILY & WATER GARDENING SOCIETY

This is to certify that XU Yingchun from Nanjing Agricultural University has officially registered the cultivar:

*Nelumbo* 'Qingqing Zijin'（'青青子衿'）

All provisions, rules and recommendations of the 9th edition (2016) of the International Code of Nomenclature for Cultivated Plants have been satisfied in the registration process.

Registered on: 28-December-2017

**The International Waterlily and Water Gardening Society**

Chenshan Plant Science Research Center of Chinese Academy of Sciences

Shanghai Chenshan Botanical Garden

International Nelumbo Registrar

No. 0092

图 11–83 '青青子衿' 国际登录证书

小池栽为大中型品种，立叶高 63~85 cm。叶柄长 50~70 cm、粗 7~9 mm，被刺多；幼叶绿色；立叶飞燕状、近圆形，表面墨绿色、粗糙，叶径（24~34）cm×（19~28.5）cm；立叶密度 23~27 片 /m$^2$。花期 6 月上旬到 8 月上旬，单朵花期 4~5 d；着花较密，开花 20~23 朵 /m$^2$，花蕾绿色；花稍高于叶面，花态碟状；重瓣型，花径 21~23 cm；花瓣数：外被 22~24，内被 67~70；花瓣外被片倒卵形，内被倒披针形；外被大小（8.7~10.5）cm× 宽（1.7 ~5.8）cm，内被大小（7.1~8.8）cm×（1.4 ~2.1）cm；花中部黄绿色（Yellow–Green 149D）。雄蕊数 184~190，长 3~3.1 cm；花丝淡黄色，长 18~20 mm，宽 0.5~1 mm；花药黄色，长 11~12 mm，宽约 0.5 mm；附属物白色，长 4~4.5 mm，宽约 1 mm。雌蕊部分泡化，心皮 13~19 枚，部分结实。花开时花托表面即为绿色，成熟莲蓬倒圆锥状，长 3~4 cm，直径 4.5~7.4 cm，绿色，顶面凸，边缘全缘 / 近全缘。地下茎一般膨大、长筒形。抗病性中等。

同亲本 '陶令风情'（艺莲苑原有品种）相比，'青青子衿' 内轮花瓣数较少，心皮数较多，雄蕊更多，瓣化较少，瓣化花瓣带绿色条纹。花色整体较绿，'陶令风情' 偏白色。

同近似品种 '友谊牡丹' 莲相比，'青青子衿' 内轮花瓣数较少，花色初为黄绿色，后为黄白色，花态为碟状，附属物白色。'友谊牡丹' 莲为黄色，花态为杯状，附属物黄色。近似品种 '碧莲' 株型稍大，花瓣颜色为白色，外瓣极淡黄色，附属物少，为淡黄色，花态为碗状；'青青子衿' 则花瓣颜色偏绿，附属物多，为白色，花态为碟状。

### （9）'晴天'

'晴天'（图 11-84、图 11-85），2014 年由南京农业大学与南京艺莲苑花卉有限公司联合选育。该品种刚育成后，花开第 2 天，阳光明媚，花色为复色系，黄色和红色，在阳光下更加温暖；在夏季的一场小雨后，花朵上还残留着雨珠，花态明媚动人，也更加美丽。故名'晴天'。

图 11-84 晴天

池栽为中型品种，立叶高 56~75 cm。幼叶绿色；叶柄长 45~59 cm，直径 5~9 mm，被刺少；立叶表面绿色、光滑，凹形、近圆形，叶径（21.5~36）cm×（17.5~31）cm；立叶密度 17~23 片 /m²。花期 6 月下旬到 8 月下旬，单朵花期 4~5 d；着花较稀疏，开花 6~9 朵 /m²；花蕾红绿色；花显著高于叶面，花态飞舞状至碟状；重瓣型，花径 20~23 cm；花瓣数，外被 23~25，内被 67~73；

THE INTERNATIONAL REGISTRATION CERTIFICATE OF NEW CULTIVAR FOR *NELUMBO*

IWGS

This is to certify that XU Yingchun from Nanjing Agricultural University has officially registered the cultivar:

*Nelumbo* 'Qing Tian'（'晴天'）

All provisions, rules and recommendations of the 9th edition (2016) of the International Code of Nomenclature for Cultivated Plants have been satisfied in the registration process.

Registered on: 28-December-2017

**The International Waterlily and Water Gardening Society**

Chenshan Plant Science Research Center of Chinese Academy of Sciences

Shanghai Chenshan Botanical Garden

International Nelumbo Registrar

Daike Tian

No. 0093

图 11-85 '晴天' 国际登录证书

花瓣外被片匙形或倒卵形，内被倒披针形；外被大小（4.1~10.6）cm×（1.9~4.8）cm，内被大小（6.7~8.7）cm×（1.3~2.6）cm；花复色，外被基部黄绿色（Yellow-Green 14A）、中部和上部紫红色（Red-Purple 65B），内被基部黄色（Yellow 7D）、中部和上部紫红色（Red-Purple 65B）。雄蕊数 147~155，长 3.2~3.3 cm；花丝淡黄色，大小（14~15）mm×（0.6~0.8）mm；花药黄色，大小（13~14）mm×1 mm；附属物白色，大小（6~7）mm×1.2 mm。雌蕊部分泡化，心皮 9~14 枚，不结实。成熟莲蓬倒圆锥状，长 2.8~3.3 cm，直径 3~3.4 cm，黄绿色，顶面平坦，边缘全缘 / 近全缘。地下茎一般膨大、长筒形。抗病性强。花开后 2~3 d 颜色变化较大，近似变色系。

与亲本‘雨花情’相比，‘晴天’花瓣数更多，内部花瓣细长，为披针形，心皮数量少且很少结实，花态碟状至飞舞状；‘雨花情’为碟状。

同近似品种‘伯里小姐’相比，‘晴天’株型较小，着花密度较稀疏，花径较小，花瓣较多且宽，雌蕊大部分泡化，很少结实。与近似品种‘锦霞’相比，‘晴天’株型较大，花径较大，花瓣数较多且狭长，花态为碟状至飞舞状，复色中红色偏多；而‘锦霞’为碗状，花瓣较圆润，且花色红橙色偏多。与近似品种‘锦红袍’相比，‘晴天’株型较大，花径大，花托黄绿色；‘锦红袍’株型中小型，花径小，花托黄色，花色中部极淡黄色，上部淡堇紫色，部分雄蕊变瓣上有淡绿色斑晕。

**（10）‘首领’**

‘首领’（图 11-86、11-87），2013 年由南京农业大学与南京艺莲苑花卉有限公司联合选育。其花型独特，犹如菊花，开放时魅力无比，犹如花中首领，故得此名。

图 11-86　首领

池栽为小型品种，株高20~30 cm。叶柄长37~97 cm，直径5~13mm，被刺多；幼叶绿色；立叶表面绿色、光滑，平展、近圆形，叶径（18.8~49）cm×（13~39）cm；立叶密度40~45片/$m^2$。花期6月下旬到9月上旬，单朵花期4~5 d。着花密，开花17~20朵/$m^2$；花蕾绿色；花稍高于叶面，花态碟状；重台型，花径14~18 cm。花瓣外被16~20，匙形，大小（9~11.5）cm×（4.5~6.8）cm；内被160~249枚，倒卵披针形，大小（6~9.5）cm×（2.3~3.5）cm。花瓣外被基部黄色（Green-Yellow 1D）、中部黄白色（Yellow 4D）、上部淡红色（Red 54C）；花被基部黄色（Green-Yellow 1D）、中部黄白色（Yellow 4D）、上部淡红色（Red 54C）。雄蕊数0~10，长2.9~3.9 cm，大部分瓣化；花丝淡黄色，长18~24 mm，细；花药黄色，大小约（8~10）mm×0.7 mm；附属物白色，大小约（3~5）mm×1 mm。雌蕊部分泡化，心皮13~20枚，不结实。成熟莲蓬碗形，长1.5~3.5 cm，直径约3.5 cm，黄绿色，顶面微凹，花托边缘不规则波状。地下茎一般膨大、短筒形。抗病性强。

THE INTERNATIONAL REGISTRATION CERTIFICATE OF NEW CULTIVAR FOR *NELUMBO*

IWGS

This is to certify that Yingchun XU from Nanjing Agricultural University has officially registered the cultivar:

*Nelumbo nucifera* 'Shouling'（'首领'）

All provisions, rules and recommendations of the 9th edition (2016) of the International Code of Nomenclature for Cultivated Plants have been satisfied in the registration process.

Registered on: 18-December-2016

The International Waterlily and Water Gardening Society

Chenshan Plant Science Research Center of Chinese Academy of Sciences

Shanghai Chenshan Botanical Garden

International Nelumbo Registrar

No. 0063

图 11-87　'首领'国际登录证书

同亲本'钗头凤'相比，'首领'花瓣颜色偏深，内轮花瓣数量较多且细长，犹如菊花花瓣。

同近似品种'嵊县粉莲'相比，'首领'内轮花瓣的数目更多、更细长，开放时犹如菊花盛开，花色也更加独特美丽。

**（11）'烟花'**

'烟花'（图 11-88、图 11-89）2013年由南京农业大学与南京艺莲苑花卉有限公司联合选育。该品种花色鲜红艳丽，颜色均匀，附属物有红色，雄蕊瓣化为红色，散落在花瓣中，犹如漫天烟花般美丽，由此而得名。

池栽为中型品种，立叶高39~60 cm。叶柄长34~51 cm，直径5~9 mm，被刺多；幼叶绿色；立叶表面墨绿色、略粗糙，凹形、近圆形，叶径（23~40.2）cm×（16.3~32）cm；立叶密度14~17片/$m^2$。花期6月上旬到8月下旬，单朵花期3~4 d；着花较密，10~14朵/$m^2$，花蕾红色；花稍高于叶面，花态碗状；半重瓣型，花径8~13 cm；花瓣数24~30，花瓣倒卵披针形，大小（7.6~9.3）cm×（3.3~6.2）cm；花基部淡黄色（Yellow 2D），中部红色（Red-Purple 64C），上部淡红色（Red-Purple 60A）。雄蕊数220~250，长4.1~4.8 cm，部分瓣化；花丝淡黄色，长19~22 mm，细；花药黄色，大小约（19~22）mm×0.8 mm；附属物红色，大小（3~4）mm×1 mm。雌蕊发育正常，心皮11~16枚，很少结实。成熟莲蓬喇叭状，长3.7~4.3 cm，直径约3.8 cm，黄绿色，顶面平坦，边缘近全缘。地下茎一般膨大、短筒形。抗病性强。

图 11-88 烟花

同亲本‘巨子’（艺莲苑原有品种）花型相近，但‘烟花’的花色更接近紫红色，附属物为红色，花药为亮黄色。

同近似品种‘英雄印象’相比，‘烟花’花色颜色更加艳丽，附属物为红色，花瓣数较多。同近似品种‘金陵火都’相比，‘烟花’株型更大，属于中型品种，而‘金陵火都’为小型品种，植株矮小。

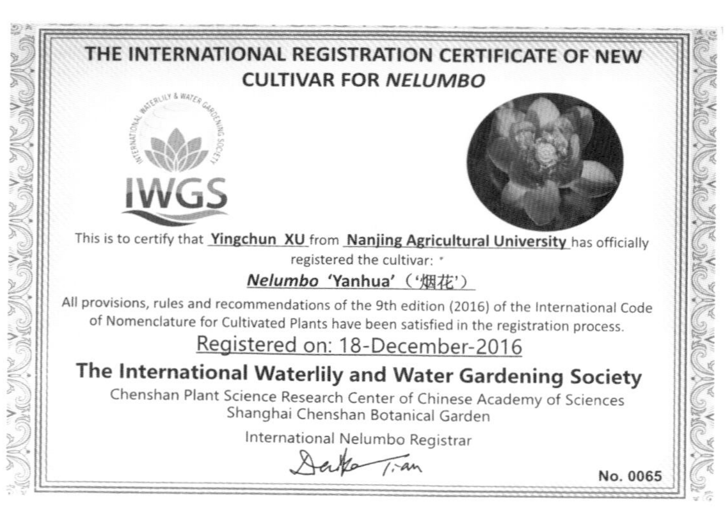

THE INTERNATIONAL REGISTRATION CERTIFICATE OF NEW CULTIVAR FOR *NELUMBO*

IWGS

This is to certify that Yingchun XU from Nanjing Agricultural University has officially registered the cultivar:

*Nelumbo* 'Yanhua'（'烟花'）

All provisions, rules and recommendations of the 9th edition (2016) of the International Code of Nomenclature for Cultivated Plants have been satisfied in the registration process.

Registered on: 18-December-2016

**The International Waterlily and Water Gardening Society**

Chenshan Plant Science Research Center of Chinese Academy of Sciences

Shanghai Chenshan Botanical Garden

International Nelumbo Registrar

No. 0065

图 11-89 ‘烟花’国际登录证书

**（12）‘鸳鸯羽’**

‘鸳鸯羽’（图 11-90、图 11-91）2014 年由南京农业大学与南京艺莲苑花卉有限公司联合选育。该品种花朵犹如一只浮在水面的优雅的鸳鸯，花瓣质地柔软光滑，瓣边粉色，俯视内部花瓣细碎，犹如鸟儿的羽毛，故名‘鸳鸯羽’。

小池栽为中型品种，立叶高 61~63 cm。叶柄长 48~52cm，直径 6~8 mm，被刺少；幼叶绿色；立叶表面绿色、光滑，凹形、近圆形，叶径（21~31）cm ×（18~26）cm；立叶 62~63 片 /$m^2$。花期6月上旬到8月中旬，单朵花期4~5 d；着花较密，25~27朵/m²；花蕾卵圆锥形，红绿色；花显著高于叶面，花态碗状；重瓣型，花径12.5~14 cm。花瓣外被22~26枚，匙形或倒卵形，大小（7.5~10.3）cm×（3.5~5.9）cm，内被54~60枚，倒卵形，大小（5.5~7.3）cm×（2.1~3.2）cm。花基部黄绿色（Yellow-Green 145D），中部淡黄色（White 155B），具红色脉纹，瓣尖紫红色（Red-purple 65C）。雄蕊数153~160，长3~3.2 cm；花丝淡白色，大小（10~11）mm×（0.8~0.9）mm；花药黄色，大小（13~16）mm×1 mm；附属物白色，大小（6~6.2）mm×（1.4~1.5）mm。雌蕊正常，心皮7~16枚，很少结实，部分泡化。成熟花托倒圆锥状，长4.7~5 cm，直径7.1~7.4 cm，黄绿色，顶面微凹，边缘全缘或近全缘。地下茎一般膨大、长筒形。抗病性中等。

图11-90　鸳鸯羽

同亲本‘粉黛’相比，‘鸳鸯羽’株型较大，中部至基部黄色较浅，雄蕊正常，且多，附属物大，白色。‘粉黛’基部橙黄色，内瓣淡橙黄色，上部为淡堇紫色，雄蕊泡化或瓣化，且少，附属物小，黄色。

同近似品种‘伴月’相比，‘鸳鸯羽’株型较大，瓣尖粉，群体花期较长。着花密度较大，花瓣较狭长，花色更淡。雄蕊部分瓣化，雌蕊正常。而‘伴月’瓣边为粉色，雄蕊正常，附属物较少，雌蕊泡化，不结实。

THE INTERNATIONAL REGISTRATION CERTIFICATE OF NEW CULTIVAR FOR *NELUMBO*



This is to certify that XU Yingchun from Nanjing Agricultural University has officially registered the cultivar:

*Nelumbo* ‘Yuanyang Yu’（‘鸳鸯羽’）

All provisions, rules and recommendations of the 9th edition (2016) of the International Code of Nomenclature for Cultivated Plants have been satisfied in the registration process.

Registered on: 28-December-2017

**The International Waterlily and Water Gardening Society**

Chenshan Plant Science Research Center of Chinese Academy of Sciences
Shanghai Chenshan Botanical Garden
International Nelumbo Registrar

No. 0090

图11-91　‘鸳鸯羽’国际登录证书

**（13）‘南诏故城’**

‘南诏故城’（图 11-92、图 11-93）2018 年由江苏省中国科学院植物研究所与南京艺莲苑花卉有限公司联合选育。该品种名意指南诏古城风韵，“旧城御古今，云烟越故城”，缅怀古城大气、深厚的历史底蕴。

中大株型，池栽（规格 4 m × 0.9 m）条件下立叶高 49~83 cm。叶柄长 47~81 cm，直径 7~9 mm，被刺少；幼叶绿色；成熟叶绿色、浅凹、近圆形，叶径（30~39）cm ×（24~33）cm，表面略粗糙，叶脐间距狭窄。池栽群体花期 6 月下旬至 8 月下旬；着花较密，开花 13~19 朵 /$m^2$；花蕾卵球形，整体黄绿色，尖部红色；花高 71~102 cm，显著高于叶面，花态碟状；重瓣型，花径 20~24 cm；花瓣数 160~ 177，内外瓣分界明显，外瓣宽阔、倒卵形，大小（12~13.3）cm ×（5.7~8.5）cm，内瓣倒卵披针形，大小（6.9~8.1）cm ×（2.1~2.3）cm。花复色，瓣尖紫红色（Red-Purple 58C），中部淡黄色（Yellow 4D），基部黄色（Yellow 3B）。雄蕊数 109~144，多瓣化；雄蕊附属物淡黄色，大小（2~4）mm ×（1~1.5）mm。雌蕊心皮数 10~21。青熟花托黄绿色、倒圆锥状，顶面近平坦，边缘近全缘，长 3.7~5.4 cm，直径 3.2~5.5 cm。很少结实，新鲜种子大小（21~22）mm ×（12~14）mm，干种子椭圆形，大小（16.6~19）mm ×（10~13.4）mm，灰黑色、表面光亮。适合池塘栽培，亦可盆栽。

同近似品种‘黄牡丹’相比，‘南诏故城’花径更大、花瓣数更多、花色淡黄色较深且瓣尖红色。

图 11–92 南诏故城

THE INTERNATIONAL REGISTRATION CERTIFICATE OF NEW CULTIVAR FOR *NELUMBO*

IWGS

This is to certify that DING Yuesheng, TONG Mei from Nanjing Yileen Water Garden Co., Ltd. and DU Fengfeng, YAO Dongrui from Institute of Botany, Jiangsu Province and Chinese Academy of Sciences officially registered the cultivar:
*Nelumbo* 'Nanzhao Gucheng'（'南诏故城'）
All provisions, rules and recommendations of the 9th edition (2016) of the International Code of Nomenclature for Cultivated Plants have been satisfied in the registration process
Registered: 30-November-2021

**The International Waterlily and Water Gardening Society**
Chenshan Plant Science Research Center of Chinese Academy of Sciences, Shanghai Chenshan Botanical Garden

IWGS President International Nelumbo Registrar

No. 0202

图 11–93 ‘南诏故城’国际登录证书

# （三）江苏省农作物鉴定品种

**（1）‘摄山丹叶’**

‘摄山丹叶’（图 11–94、图 11–95），2007—2013 年由江苏省中国科学院植物研究研究所、南京农业大学、南京市浦口区林业站、南京艺莲苑花卉有限公司联合选育。育种方法为杂交育种，母本为‘巨子’，父本为‘红太阳’。

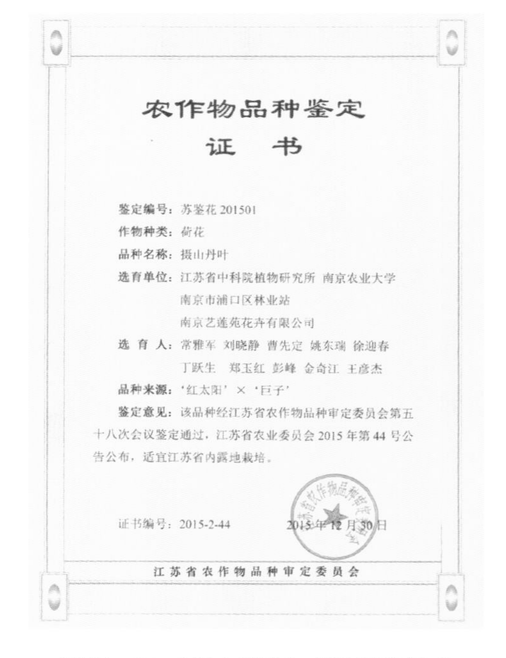
农作物品种鉴定

证 书

鉴定编号：苏鉴花 201501
作物种类：荷花
品种名称：摄山丹叶
选育单位：江苏省中科院植物研究所 南京农业大学
南京市浦口区林业站
南京艺莲苑花卉有限公司
选 育 人：常雅军 刘晓静 曹先定 姚东瑞 徐迎春
丁跃生 郑玉红 彭峰 金奇江 王彦杰
品种来源：‘红太阳’×‘巨子’
鉴定意见：该品种经江苏省农作物品种审定委员会第五十八次会议鉴定通过，江苏省农业委员会 2015 年第 44 号公告公布，适宜江苏省内露地栽培。

证书编号：2015-2-44 2015 年 12 月 30 日

江苏省农作物品种审定委员会

图 11–94 ‘摄山丹叶’品种鉴定证书

图 11–95　摄山丹叶

大株型，立叶高 98 cm。叶径 49 cm × 46 cm，花高 138 cm。花期早，6 月初始花。群体花期长，85 d 左右。着花密，开花 20~30 朵 /$m^2$；花蕾桃形；花高于立叶，花态碗状；半重瓣型，花瓣数平均为 23，花径 24 cm。最大瓣 12 cm × 6 cm，最小瓣 9 cm × 3 cm；花红色，尖部紫红色，中间深红色，基部深黄色。雄蕊多，附属物大，乳白色，有红色斑点。雌蕊心皮 22~28 枚，能结实。青熟花托为斗型，绿色。生长势强健，抗性好。

**（2）‘秣陵秋色’**

‘秣陵秋色’（图 11–96、图 11–97），2003—2013 年由江苏省中国科学院植物研究所、南京农业大学、南京市浦口区林业站、南京艺莲苑花卉有限公司联合选育。育种方法为杂交育种，母本为‘杏黄’，父本为‘友谊牡丹’莲。

中小株型，立叶高 34 cm，叶径 51 cm × 40 cm，花高 57 cm。花期早，6 月初始花，群体花期长，约 63 d。着花密，25~30 朵 /$m^2$；花蕾窄卵形，尖端微绿色；花态飞舞状；重瓣型，花瓣数 77~88，花径 15~19 cm，最大瓣 7 cm × 3 cm。花黄色，基部黄橙色。雄蕊少，瓣化，尖端及边缘淡绿色；附属物大，黄色。雌蕊心皮 4~15 枚，部分泡状，能结实但结实率极低。花托斗形，绿色。花托斗型，绿色，地下茎筒状。生长势好，抗性较强。

‘秣陵秋色’2010 年在第二十四届全国荷花展大、中型荷花品种评比中获得一等奖（图 11–98）。

农作物品种鉴定
证　书

鉴定编号：苏鉴花 201504
作物种类：荷花
品种名称：秣陵秋色
选育单位：江苏省中科院植物研究所 南京农业大学
南京市浦口区林业站
南京艺莲苑花卉有限公司
选 育 人：郑玉红 刘晓静 曹先定 常雅军 徐迎春
姚东瑞 金奇江 王彦杰 丁跃生 彭 峰
品种来源：'杏黄'×'友谊牡丹'莲
鉴定意见：该品种经江苏省农作物品种审定委员会第五十八次会议鉴定通过，江苏省农业委员会 2015 年第 44 号公告公布，适宜江苏省内露地栽培。

证书编号：2015-2-47　　2015 年 12 月 30 日

江苏省农作物品种审定委员会

图 11–96 '秣陵秋色'品种鉴定证书

图 11-97　秣陵秋色

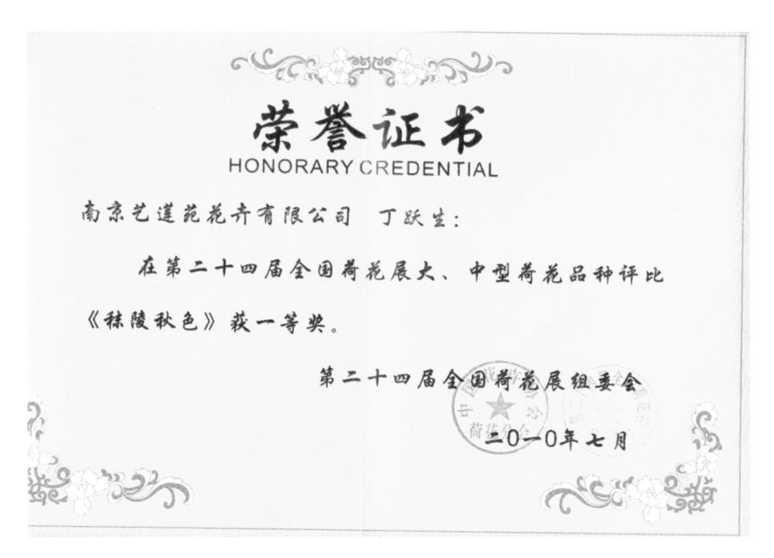
荣誉证书
HONORARY CREDENTIAL

南京艺莲苑花卉有限公司 丁跃生：

在第二十四届全国荷花展大、中型荷花品种评比《秣陵秋色》获一等奖。

第二十四届全国荷花展组委会
二〇一〇年七月

图 11–98 ‘秣陵秋色’荣誉证书

**（3）‘艾江南’**

‘艾江南’（图 11–99、图 11–100），2003—2013 年由江苏省中国科学院植物研究所、南京农业大学、南京市浦口区林业站、南京艺莲苑花卉有限公司联合选育。育种方法为辐射育种，母本为美洲黄莲。

农作物品种鉴定
证 书

鉴定编号：苏鉴花 201502
作物种类：荷花
品种名称：艾江南
选育单位：江苏省中科院植物研究所 南京农业大学
南京市浦口区林业站
南京艺莲苑花卉有限公司
选 育 人：刘晓静 常雅军 曹先定 徐迎春 姚东瑞
郑玉红 丁跃生 金奇江 王彦杰 彭峰
品种来源：“美洲黄莲”种子用钴 60γ 辐射育种
鉴定意见：该品种经江苏省农作物品种审定委员会第五十八次会议鉴定通过，江苏省农业委员会 2015 年第 44 号公告公布，适宜江苏省内露地盆栽。

证书编号：2015-2-45　　2015 年 12 月 30 日

江苏省农作物品种审定委员会

图 11–99 ‘艾江南’品种鉴定证书

图 11-100　艾江南

中小株型，立叶高 29 cm，叶径 19 cm × 17 cm，花高 31 cm。花期中，6 月中旬始花，群体花期约为 39 d。着花较密，单盆（盆径 38 cm）开花 6 朵左右；花蕾窄卵形，复色。花态碗状；半重瓣型，花瓣数 22，花径 18 cm。最大瓣 10.6 cm × 5 cm。花复色，基部深黄色，瓣中黄色，瓣尖红紫色，部分雄蕊变瓣上部有黄绿色斑块。雄蕊多，附属物大，黄色。雌蕊心皮 10~15 枚，能结实。花托杯状，黄绿色，地下茎筒状。

生长势强健，抗性好。

‘艾江南’2009 年在第二十三届全国荷花展大中型荷花品种（新）评比中获得二等奖（图 11-101）。

荣誉证书

南京艺莲苑：

艾江南 在第二十三届全国荷花展大中型荷花品种（新）评比中获得二等奖。

特发此证，以资鼓励。

中国花卉协会荷花分会
苏州市相城区生态农业示范园区管委会
苏州市拙政园管理处

2009 年 7 月 8 日

图 11-101　‘艾江南’获奖证书

### （4）‘雨花情’

‘雨花情’（图 11–102、图 11–103），2003—2013 年由江苏省中国科学院植物研究所、南京农业大学、南京市浦口区林业站、南京艺莲苑花卉有限公司联合选育。育种方法为杂交育种，母本为‘美洲黄莲’，父本为‘鸳鸯羽’。

中小株型，立叶高 24 cm，叶径 26 cm × 18 cm，花高 60 cm。花期早，6 月初始花，群体花期长，约为 74 d。着花较密，单盆（盆径 38 cm）开花 8 朵左右；花蕾卵形，复色。花态碟状；重瓣型，花瓣数平均为 90，花径 19 cm，最大瓣 8 cm × 4 cm。花复色，瓣尖紫红色，中间极淡紫红，基部黄色。雄蕊少，附属物大，淡黄色。雌蕊心皮 12~18 枚，能结实。花托碗状，淡绿色。地下茎筒状。生长势好，抗性较强。

农作物品种鉴定

证　书

鉴定编号：苏鉴花 201503

作物种类：荷花

品种名称：雨花情

选育单位：江苏省中科院植物研究所 南京农业大学
南京市浦口区林业站
南京艺莲苑花卉有限公司

选 育 人：刘晓静 常雅军 曹先定 徐迎春 姚东瑞
郑玉红 丁跃生 金奇江 王彦杰 彭峰

品种来源：“美洲黄莲”×“鸳鸯羽”

鉴定意见：该品种经江苏省农作物品种审定委员会第五十八次会议鉴定通过，江苏省农业委员会 2015 年第 44 号公告公布，适宜江苏省内露地盆栽。

证书编号：2015-2-46　　2015 年 12 月 30 日

江苏省农作物品种审定委员会

图 11–102　‘雨花情’品种鉴定证书

图 11–103　雨花情

# 附录

# 附录一　行业规范

ICS 65.020.20
B 05

**NY**

## 中华人民共和国农业行业标准

NY/T 2756—2015

---

## 植物新品种特异性、一致性和稳定性测试指南　莲属

**Guidelines for the conduct of tests for distinctness,uniformity and stability—Lotus**
**(*Nelumbo* Adans.)**

2015-05-21 发布　　　　2015-08-01 实施

---

**中华人民共和国农业部** 发布

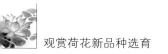

# 目　次

NY/T 2756—2015

## 前 言

本标准依据 GB/T 1.1 给出的规则起草。

本标准由中华人民共和国农业部科技教育司提出。

本标准由全国植物新品种测试标准化技术委员会（SAC/TC277）归口。

本标准起草单位：深圳市公园管理中心、深圳市铁汉生态环境股份有限公司、农业部植物新品种测试（广州）分中心。

本标准主要起草人：李尚志、刘水、黄东光、李诗刚、徐振江、徐岩、杨雄、钱萍、高锡坤、汪银娟等。

NY/T 2756—2015

# 植物新品种特异性、一致性和稳定性测试指南
# 莲属

## 1 范围

本标准规定了莲属(*Nelumbo* Adans.)新品种特异性、一致性和稳定性测试的技术要求和结果判定的一般原则。

本标准适用于莲属新品种特异性、一致性和稳定性测试和结果判定。

## 2 规范性引用文件

下列文件对于本文件的应用是必不可少的。凡是注日期的引用文件,仅注日期的版本适用于本指南。凡是不注日期的引用文件,其最新版本(包括所有的修改单)适用于本文件。

GB/T 19557.1 植物新品种特异性、一致性和稳定性测试指南 总则

## 3 术语和定义

GB/T 19557.1 确定的以及下列术语和定义适用于本文件。

3.1 群体测量 Single measurement of a group of plants or parts of plants

对一批植株或植株的某器官或部位进行测量,获得一个群体记录。

3.2 个体测量 Measurement of a number of individual plants or parts of plants

对一批植株或植株的某器官或部位进行逐个测量,获得一组个体记录。

3.3 群体目测 Visual assessment by a single observation of a group of plants or parts of plants

对一批植株或植株的某器官或部位进行目测,获得一个群体记录。

3.4 个体目测 Visual assessment by observation of individual plants or parts of plants

对一批植株或植株的某器官或部位进行逐个目测,获得一组个体记录。

## 4 符号

下列符号适用于本文件:

MG:群体测量

MS:个体测量

VG:群体目测

VS:个体目测

QL:质量性状

QN:数量性状

PQ:假质量性状

(a)~(d):标注内容在附录 B 的 B.2 中进行了详细解释。

(+):标注内容在附录 B 的 B.3 中进行了详细解释。

__:本文件中下划线是特别提示测试性状的适用范围。

## 5 繁殖材料的要求

5.1 繁殖材料以地下茎(种藕)形式提供。

5.2 递交的地下茎数量至少 20 支。

5.3 递交莲的繁殖材料,要求新鲜、健康,单支种藕应具 1 个完整顶芽,2 个以上藕节。

5.4 递交的繁殖材料不应进行影响品种性状表达的任何处理。如果繁殖材料已处理,应提供处理的详细说明。

5.5 应符合中国植物检疫的有关规定。

## 6 测试方法

### 6.1 测试周期

测试周期至少为两个独立的生长周期。

莲的一个完整的生长周期是从地下茎萌发,经过茎、叶生长、开花、结果、新的地下茎形成直至休眠的整个生长过程。

### 6.2 测试地点

测试通常在一个地点进行。如果某些性状在该地点不能充分表达,可在其他符合条件的地点对其进行观测。

### 6.3 田间试验

#### 6.3.1 试验设计

申请品种和近似品种相邻种植。植株大小为小株型品种,种植在口径 26 cm × 26 cm,高 17 cm 容器中;植株大小为中株型品种,种植在口径 61 cm × 47 cm,高 30 cm 容器中;植株大小为大株型品种,种植在口径至少 1 m × 1 m 的容器中,每容器 1 株。

#### 6.3.2 田间管理

可按当地常规管理方式进行。

6.4 性状观测

6.4.1 观测时期

性状观测应按照附录A表A.1和表A.2列出的生育阶段进行。生育阶段描述见附录B表B.1。

6.4.2 观测方法

性状观测应按照附录A表A.1和表A.2规定的观测方法（VG、VS、MG、MS）进行。部分性状观测方法见附录B的B.2和B.3。在利用RHS比色卡判定颜色时，应在一个合适的由人工光线照明的小室或中午无阳光直射的房间内进行。进行颜色判定时，应将植株器官置于白色背景上。

6.4.3 观测数量

除非另有说明，个体观测性状（VS、MS）植株取样数量不少10个，在观测植株的器官或部位时，每个植株取样数量应为1个。群体观测性状（VG、MG）应观测整个小区或规定大小的混合样本。

6.5 附加测试

必要时，可选用附录A表A.2中的性状或本指南未列出的性状进行附加测试。

## 7 特异性、一致性和稳定性结果的判定

7.1 总体原则

特异性、一致性和稳定性的判定按照GB/T 19557.1确定的原则进行。

7.2 特异性的判定

申请品种应明显区别于所有已知品种。在测试中，当申请品种至少在一个性状上与近似品种具有明显且可重现的差异时，即可判定申请品种具备特异性。

7.3 一致性的判定

对于测试品种一致性判定时，采用1%的群体标准和至少95%的接受概率。当样本大小为20株时，最多可以允许有1个异型株。

7.4 稳定性的判定

如果申请品种具备一致性，则可认为该品种具备稳定性。一般不对稳定性进行测试。

必要时，可以种植该品种的下一批的繁殖材料，与以前提供的繁殖材料相比，若性状表达无明显变化，则可判定该品种具备稳定性。

## 8 性状表

根据测试需要，将性状分为基本性状、选测性状，基本性状是测试中必须使用的

性状。莲基本性状见附录 A 表 A.1，莲可以选择测试的性状见附录 A 表 A.2。

8.1　概述

性状表列出了性状名称、表达类型、表达状态及相应的代码和标准品种、观测时期和方法等内容。

8.2　表达类型

根据性状表达方式，将性状分为质量性状、假质量性状和数量性状三种类型。

8.3　表达状态和相应代码

8.3.1　每个性状划分为一系列表达状态，以便于定义性状和规范描述；每个表达状态赋予一个相应的数字代码，以便于数据记录、处理和品种描述的建立与交流。

8.3.2　对于质量性状和假质量性状，所有的表达状态都应当在测试指南中列出；对于数量性状，为了缩小性状表的长度，偶数代码的表达状态可以不列出，偶数代码的表达状态可描述为前一个表达状态到后一个表达状态的形式。

8.4　标准品种

性状表中列出了部分性状有关表达状态可参考的标准品种，以助于确定相关性状的不同表达状态和校正环境因素引起的差异。

9　分组性状

本文件中，品种分组性状如下：

仅适用于结藕品种：地下茎：主藕节间形状（表 A.1 中性状 1）

(a)植株：大小（表 A.1 中性状 4）；

(b)群体花期（表 A.1 中性状 14）；

(c)花：类型（表 A.1 中性状 21）；

(d)花瓣：上表面主色（表 A.1 中性状 25）；

(e)花托：形状（表 A.1 中性状 34）；

(f)地下茎：主藕节间横切面形状（表 A.1 中性状 40）；

(g)地下茎：藕节间表皮颜色（表 A.1 中性状 42）。

10　技术问卷

申请人应按附录 C 格式填写莲技术问卷。

# 附录 A

（规范性附录）

## A.1 莲属基本性状

见表 A.1。

**表 A.1 莲属基本性状表**

| 序号 | 性状 | 观测时期和方法 | 表达状态 | 标准品种 | 代码 |
|---|---|---|---|---|---|
| 1 | 地下茎：结藕性<br>QL | VG<br>10 | 不结藕 | 至高无上 | 1 |
| | | | 结藕 | 大贺莲 | 2 |
| 2 | 仅适用于结藕品种：<br>地下茎：主藕节间形状<br>PQ<br>（+） | VG<br>10 | 短圆筒形 | | 1 |
| | | | 圆筒形 | | 2 |
| | | | 长圆筒形 | | 3 |
| 3 | 地下茎：顶芽颜色<br>PQ | VG<br>10 | 白色 | 安徽飘花 | 1 |
| | | | 浅黄色 | 中日友谊莲 | 2 |
| | | | 紫红色 | 大紫红 | 3 |
| | | | 浅褐色 | 金华大白莲 | 4 |
| 4 | 植株：大小<br>QN | VG<br>20 | 小 | 粉松球 | 1 |
| | | | 中 | 朝云 | 2 |
| | | | 大 | 赣白莲 | 3 |
| 5 | 立叶：高度<br>QN<br>（a） | MS<br>20 | 矮 | 粉松球 | 3 |
| | | | 中 | 美洲黄莲 | 5 |
| | | | 高 | 赣白莲 | 7 |
| 6 | 叶：颜色<br>PQ<br>（a） | VG<br>20 | 绿色 | 中日友谊莲 | 1 |
| | | | 深绿色 | 大贺莲 | 2 |
| | | | 绿色且叶尖紫红色 | 红千叶 | 3 |
| 7 | 立叶：姿态<br>PQ<br>（a）（+） | VG<br>20 | 凹形 | | 1 |
| | | | 平展 | | 2 |
| | | | 反转 | | 3 |
| 8 | 立叶：表面质地<br>PQ<br>（a） | VG<br>20 | 光滑 | 大贺莲 | 1 |
| | | | 粗糙 | 西湖红莲 | 2 |
| 9 | 叶柄：刺颜色<br>PQ | VG<br>20 | 黄绿色 | 红千叶 | 1 |
| | | | 浅棕色 | 大洒锦 | 2 |
| | | | 紫红色 | 西湖红莲 | 3 |

续表

| 序号 | 性状 | 观测时期和方法 | 表达状态 | 标准品种 | 代码 |
|---|---|---|---|---|---|
| 10 | 叶柄：刺数量<br>QN | VG<br>20 | 无 | 美洲黄莲 | 1 |
| | | | 少 | 杏黄 | 3 |
| | | | 多 | 冬花红 | 5 |
| 11 | 开花期<br>QN<br>（+） | MG<br>30 | 早 | 冬花红 | 3 |
| | | | 中 | 淡云 | 5 |
| | | | 晚 | 鄂城红莲 | 7 |
| 12 | 花：相对于伴生立叶的高度<br>QN<br>（+） | VG<br>30 | 低于 | | 1 |
| | | | 等于 | | 2 |
| | | | 高于 | | 3 |
| 13 | 花梗：高度<br>QN | MS<br>30 | 矮 | 粉松球 | 3 |
| | | | 中 | 秋水长天 | 5 |
| | | | 高 | 中日友谊莲 | 7 |
| 14 | 群体花期<br>QN | MG<br>30 | 短 | 粉松球 | 3 |
| | | | 中 | 西湖红莲 | 5 |
| | | | 长 | 红牡丹 | 7 |
| 15 | 仅适用于植株大小为小的品种：<br>花：花数量<br>QN | MS<br>30 | 少 | 葵花向阳 | 1 |
| | | | 中 | 粉松球 | 2 |
| | | | 多 | 萤光 | 3 |
| 16 | 仅适用于植株大小为中的品种：<br>花：花数量<br>QN | MS<br>30 | 少 | 美洲黄莲 | 1 |
| | | | 中 | 瑶华 | 2 |
| | | | 多 | 朝云 | 3 |
| 17 | 仅适用于植株大小为大的品种：<br>花：花数量<br>QN | MS<br>30 | 少 | 鄂城红莲 | 3 |
| | | | 中 | 大贺莲 | 5 |
| | | | 多 | 中日友谊莲 | 7 |
| 18 | 花：花蕾形状<br>PQ<br>（b）<br>（+） | VG<br>25 | 窄卵形 | | 1 |
| | | | 卵形 | | 2 |
| | | | 阔卵形 | | 3 |
| | | | 纺锤形 | | 4 |
| 19 | 花：花蕾主色<br>PQ<br>（b） | VG<br>25 | 黄绿色 | 美洲黄莲 | 1 |
| | | | 浅绿色 | 萤光 | 2 |
| | | | 绿色 | 大洒锦 | 3 |
| | | | 粉红色 | 粉松球 | 4 |
| | | | 紫红色 | 红台莲 | 5 |
| | | | 紫色 | 千堆锦 | 6 |

续表

| 序号 | 性状 | 观测时期和方法 | 表达状态 | 标准品种 | 代码 |
|---|---|---|---|---|---|
| 20 | 花：花蕾次色<br>PQ<br>（b） | VG<br>25 | 白色 | 萤光 | 1 |
| | | | 黄色 | 瑶华 | 2 |
| | | | 绿色 | 秋水长天 | 3 |
| | | | 红色 | 大洒锦 | 4 |
| 21 | 花：类型<br>QL<br>（c）<br>（+） | VG<br>30 | 少瓣 | 鄂城红莲 | 1 |
| | | | 半重瓣 | 葵花向阳 | 2 |
| | | | 重瓣 | 红千叶 | 3 |
| | | | 重台 | 红台莲 | 4 |
| | | | 千瓣 | 千瓣莲 | 5 |
| 22 | 花：形态<br>PQ<br>（c）<br>（+） | VG<br>30 | 碟状 | | 1 |
| | | | 碗状 | | 2 |
| | | | 杯状 | | 3 |
| | | | 飞舞状 | | 4 |
| | | | 叠球状 | | 5 |
| 23 | 花瓣：形状<br>PQ<br>（c）<br>（+） | VG<br>30 | 披针形 | | 1 |
| | | | 窄卵圆形 | | 2 |
| | | | 卵圆形 | | 3 |
| | | | 阔卵圆形 | | 4 |
| 24 | 花瓣：上表面主色<br>PQ<br>（d） | VG<br>30 | 参照比色卡 RHS | | |
| 25 | 花瓣：上表面次色<br>PQ<br>（d） | VG | 参照比色卡 RHS | | |
| 26 | 花瓣：脉<br>PQ | VG | 不明显 | 中日友谊莲 | 1 |
| | | | 明显 | 西湖红莲 | 2 |
| 27 | 雄蕊：数量<br>QN | VG<br>30 | 无或极少 | 朝云 | 1 |
| | | | 少 | 淡云 | 3 |
| | | | 中 | 秋水长天 | 5 |
| | | | 多 | 红千叶 | 7 |
| 28 | 雄蕊：附属物颜色<br>PQ | VG<br>30 | 白色 | 中日友谊莲 | 1 |
| | | | 白色且尖端红色 | 红牡丹 | 2 |
| | | | 黄色 | 美洲黄莲 | 3 |
| | | | 红色 | 鄂城红莲 | 4 |

续表

| 序号 | 性状 | 观测时期和方法 | 表达状态 | 标准品种 | 代码 |
| --- | --- | --- | --- | --- | --- |
| 29 | 雄蕊：附属物大小<br>QN | VG<br>30 | 小 | 淡云 | 1 |
| | | | 中 | 千堆锦 | 2 |
| | | | 大 | 萤光 | 3 |
| 30 | 雄蕊：瓣化<br>QL<br>（+） | VG<br>30 | 无 | | 1 |
| | | | 有 | | 9 |
| 31 | 雌蕊：发育状况<br>QL<br>（+） | VG<br>30 | 正常 | | 1 |
| | | | 泡状 | | 2 |
| | | | 瓣化 | | 3 |
| 32 | 花托：侧面颜色<br>PQ | VG<br>40 | 参照比色卡 RHS | | |
| 33 | 花托：顶面形态<br>PQ<br>（+） | VG<br>50 | 凹 | | 1 |
| | | | 平 | | 2 |
| | | | 凸 | | 3 |
| 34 | 花托：形状<br>PQ<br>（+） | VG<br>50 | 喇叭状 | | 1 |
| | | | 倒圆锥状 | | 2 |
| | | | 伞形 | | 3 |
| | | | 扁圆形 | | 4 |
| | | | 碗形 | | 5 |
| 35 | 果实：形状<br>PQ<br>（+） | VG<br>50 | 卵圆形 | | 1 |
| | | | 圆形 | | 2 |
| | | | 椭圆形 | | 3 |
| | | | 纺锤形 | | 4 |
| 36 | 果实：表面颜色<br>PQ | VG<br>50 | 红褐色 | 大贺莲 | 1 |
| | | | 灰褐色 | 西湖红莲 | 2 |
| | | | 褐色 | 一丈青 | 3 |

续表

| 序号 | 性状 | 观测时期和方法 | 表达状态 | 标准品种 | 代码 |
| --- | --- | --- | --- | --- | --- |
| 37 | 仅适用于结藕品种：<br>地下茎：藕头形状<br>PQ<br>（+） | VG<br>60 | 钝形 | | 1 |
| | | | 锐形 | | 2 |
| 38 | 仅适用于结藕品种：<br>地下茎：藕节间表皮质地<br>PQ | VG<br>60 | 光滑 | 安徽飘花 | 1 |
| | | | 粗糙 | 大紫红 | 2 |
| 39 | 仅适用于结藕品种：<br>地下茎：藕节间肩部形状<br>PQ<br>（+） | VG<br>60 | 钝形 | | 1 |
| | | | 锐形 | | 2 |
| 40 | 仅适用于结藕品种：<br>地下茎：藕节间横切面形状<br>PQ<br>（+） | VG<br>60 | 近圆形 | | 1 |
| | | | 扁圆形 | | 2 |
| | | | 近方形 | | 3 |
| 41 | 仅适用于结藕品种：<br>地下茎：藕节间弯曲<br>PQ<br>（+） | VG<br>60 | 无 | | 1 |
| | | | 有 | | 9 |
| 42 | 仅适用于结藕品种：<br>地下茎：藕节间表皮颜色<br>PQ | VG<br>60 | 白色 | 鄂莲六号 | 1 |
| | | | 浅黄色 | 安徽飘花 | 2 |
| | | | 黄色 | 金华大白莲 | 3 |

A.2　莲属选测性状

见表 A.2。

**表 A.2　莲属选测性状表**

| 序号 | 性状 | 观测时期和方法 | 表达状态 | 标准品种 | 代码 |
| --- | --- | --- | --- | --- | --- |
| 43 | 抗性：腐败病<br>QN | VG<br>20~40 | 高感 | | 1 |
| | | | 中感 | | 3 |
| | | | 中抗 | | 5 |
| | | | 高抗 | | 7 |
| | | | 免疫 | | 9 |

附录 B

（规范性附录）

B.1 莲生育阶段表

见表 B.1。

**表 B.1 莲生育阶段表**

| 编 号 | 描 述 |
|---|---|
| 10 | 种藕 |
| 20 | 5~6 片立叶完全展开期 |
| 25 | 现蕾期 |
| 30 | 开花期：50% 植株至少有一朵花开放 |
| 40 | 花瓣脱落时 |
| 50 | 种子成熟期 |
| 60 | 休眠期 |

B.2 涉及多个性状的解释

（a）花蕾性状：当花蕾出水后一周左右、现色时。

（b）花色性状：在色温 6500 °K 的条件下检测。

（c）涉及叶片性状的观测，应选用第 5~6 片立叶。

（d）凡是涉及花性状的观测，应选用第一次完全开放的花。

B.3 涉及单个性状的解释

性状 2 仅适用于结藕品种：地下茎：主藕节间形状

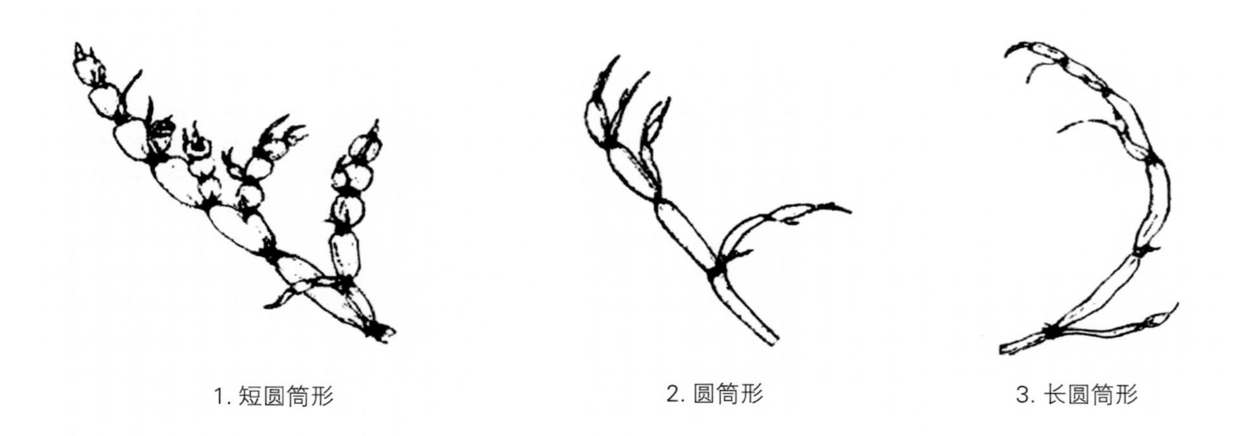

1. 短圆筒形　　2. 圆筒形　　3. 长圆筒形

性状 7　立叶:姿态

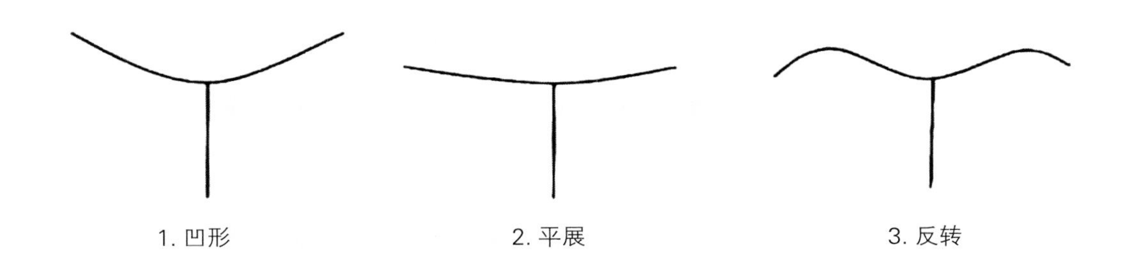


12　花:相对于伴生立叶的高度

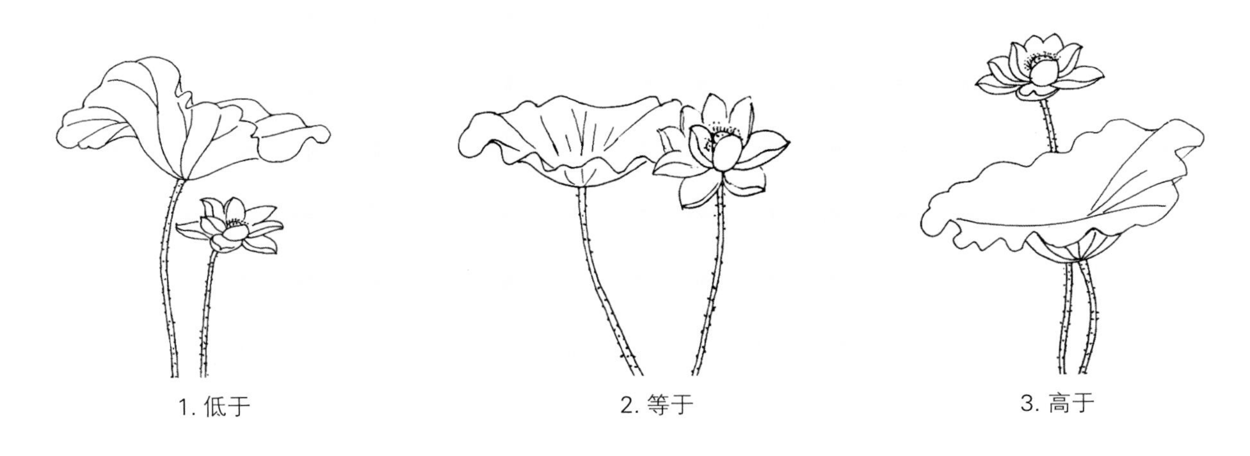


性状 18　花蕾:形状

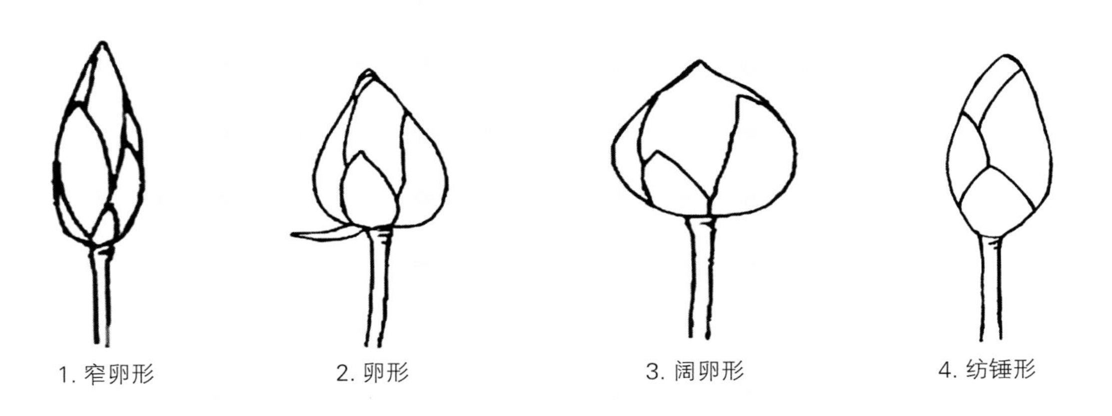


性状 21　花:类型

凡一朵花的花瓣数在 20 枚以内者,为少瓣型; 21~50 枚者为半重瓣型; 51 枚以上者为重瓣型;心皮完全瓣化,泡状者为重台型;雌雄蕊全瓣化、花托消失、花瓣数达 1 000 枚以上者为千瓣型。

性状 22　花:形态

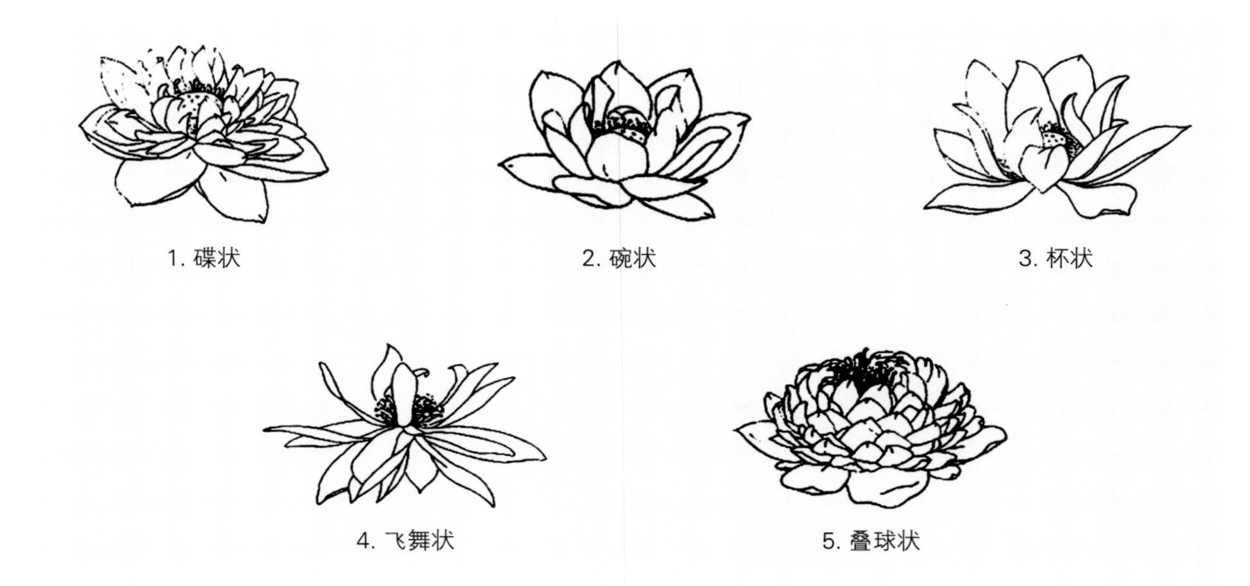
1. 碟状　2. 碗状　3. 杯状　4. 飞舞状　5. 叠球状

性状 23　花瓣:形状

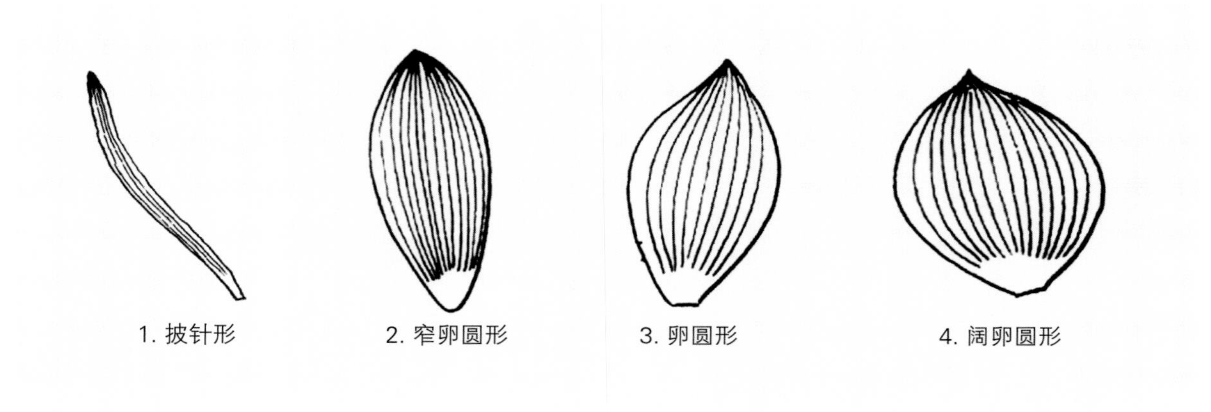
1. 披针形　2. 窄卵圆形　3. 卵圆形　4. 阔卵圆形

性状 30　雄蕊:瓣化

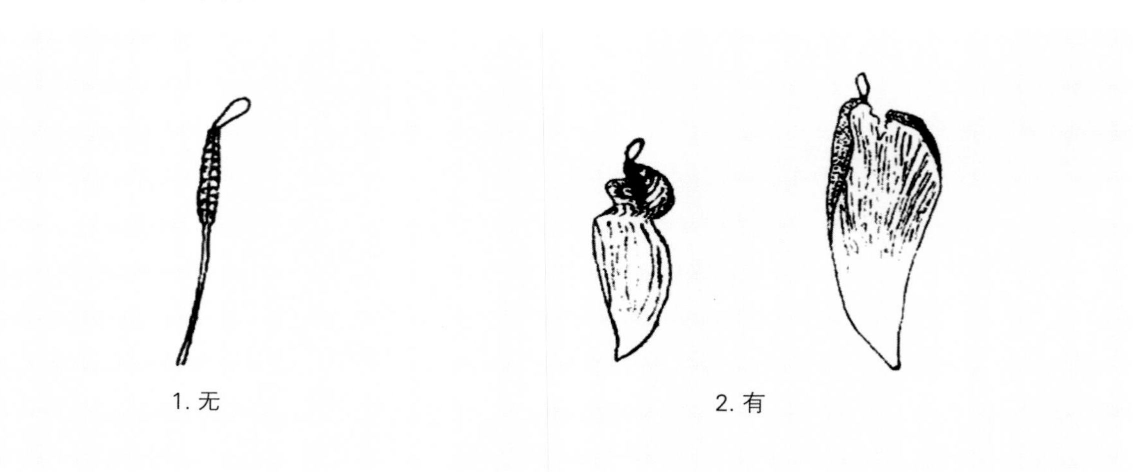
1. 无　2. 有

性状 31　雌蕊:发育状况

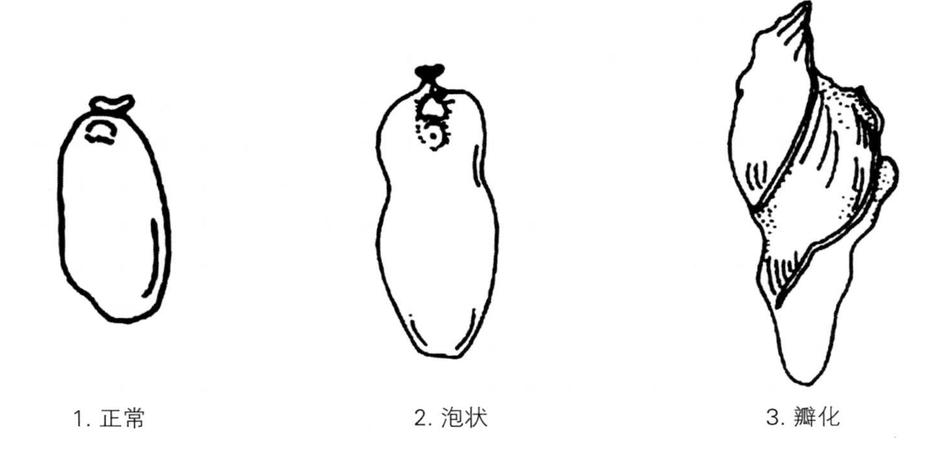

1. 正常　2. 泡状　3. 瓣化

性状 33　花托:顶面形态

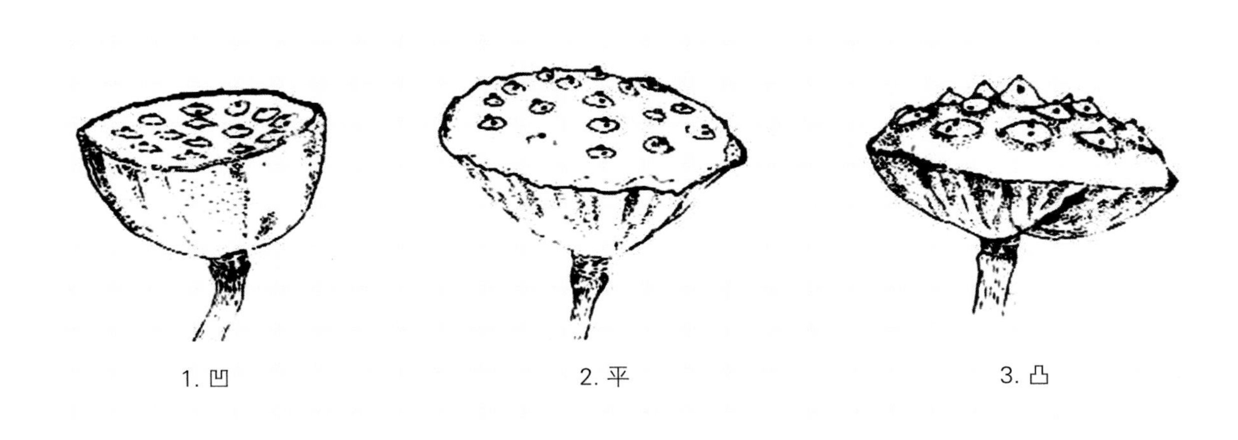

1. 凹　2. 平　3. 凸

性状 34　花托:形状

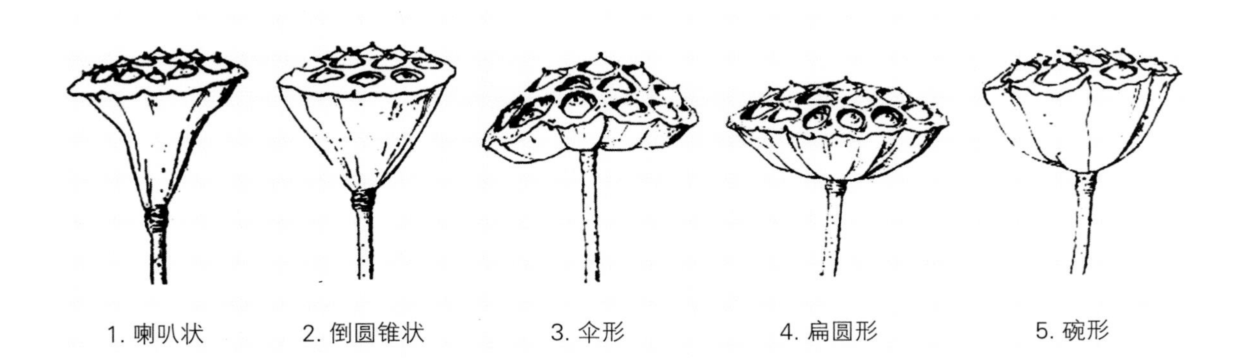

1. 喇叭状　2. 倒圆锥状　3. 伞形　4. 扁圆形　5. 碗形

性状 35　果实:形状

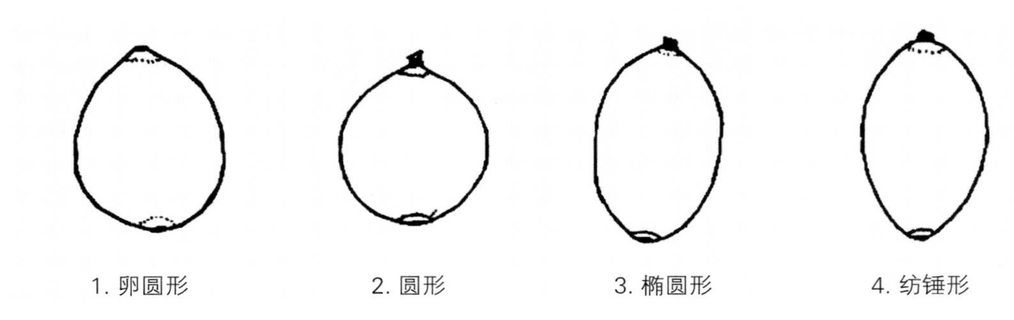

1. 卵圆形　2. 圆形　3. 椭圆形　4. 纺锤形

性状 37　仅适用于结藕品种:地下茎:藕头形状

1. 钝形　2. 锐形

性状 39　地下茎:藕节间肩部形状

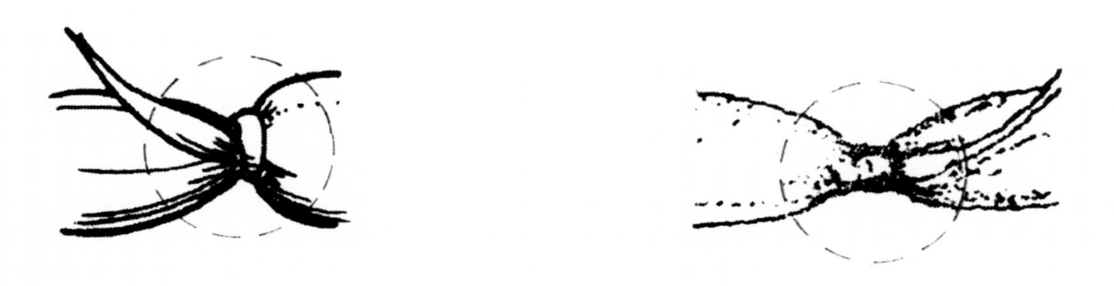

性状 40　仅适用于结藕品种:地下茎:藕节间横切面形状

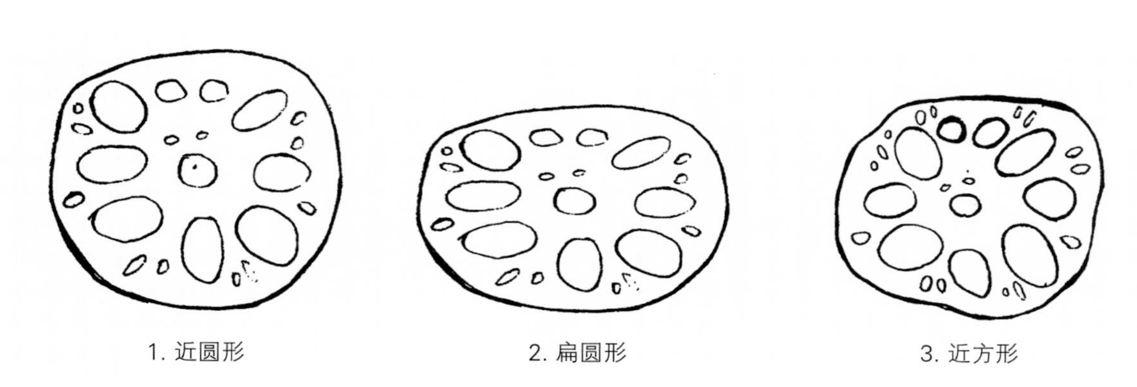

1. 近圆形　2. 扁圆形　3. 近方形

性状 41　仅适用于结藕品种：地下茎：藕节间弯曲

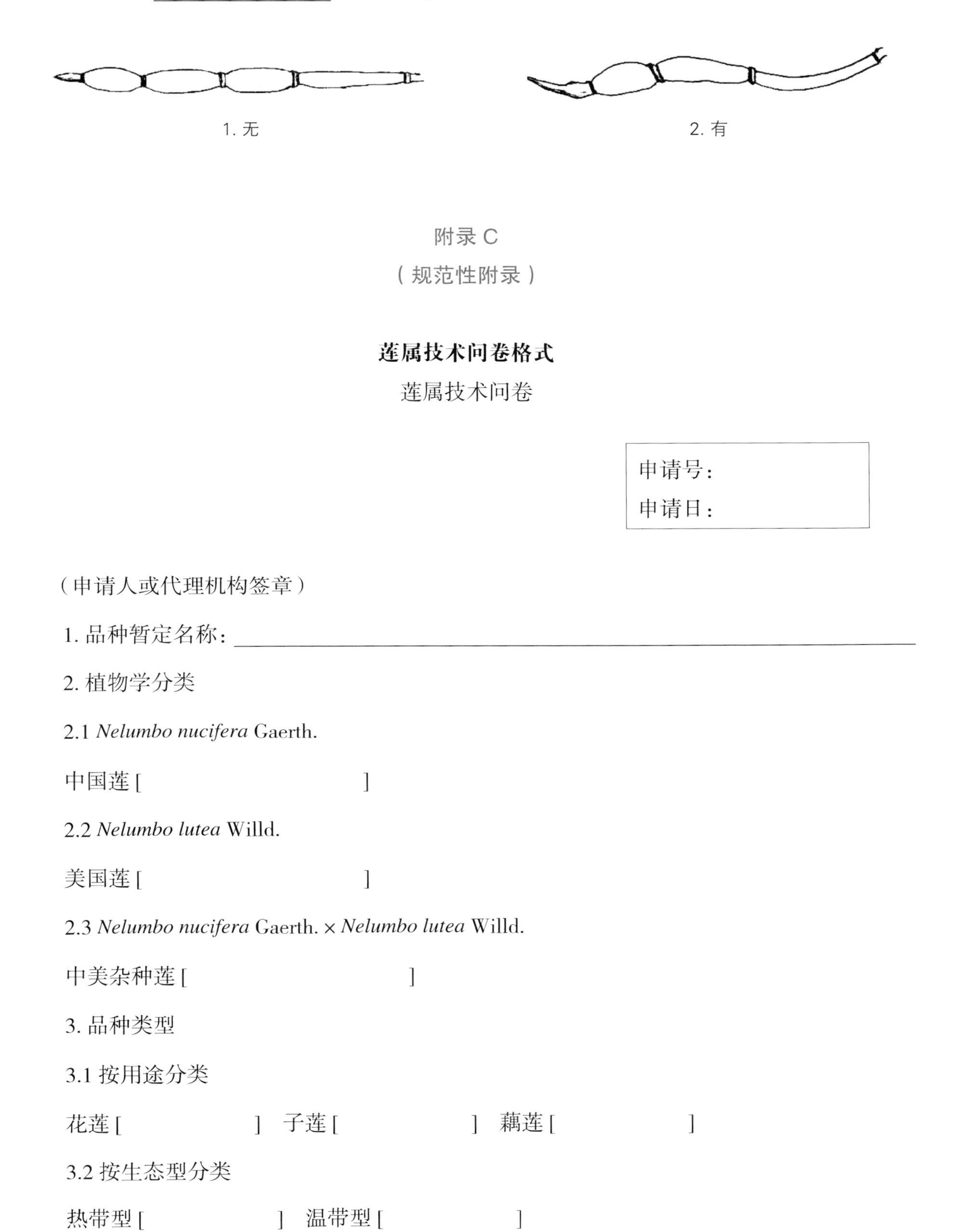

1. 无　　　　　　　　2. 有

附录 C

（规范性附录）

**莲属技术问卷格式**

莲属技术问卷

| 申请号： |
| --- |
| 申请日： |

（申请人或代理机构签章）

1. 品种暂定名称：________________________________

2. 植物学分类

2.1 *Nelumbo nucifera* Gaerth.

中国莲 [　　　　　　]

2.2 *Nelumbo lutea* Willd.

美国莲 [　　　　　　]

2.3 *Nelumbo nucifera* Gaerth. × *Nelumbo lutea* Willd.

中美杂种莲 [　　　　　　]

3. 品种类型

3.1 按用途分类

花莲 [　　　　]　子莲 [　　　　]　藕莲 [　　　　]

3.2 按生态型分类

热带型 [　　　　]　温带型 [　　　　]

4. 申请品种的具有代表性彩色照片

{品种照片粘贴处}

（如果照片较多，可另附页提供）

5. 其他有助于辨别申请品种的信息

（如品种用途、品质抗性，请提供详细资料；食用、药用、观赏；耐深水、耐盐碱、抗污染）

6. 品种种植或测试是否需要特殊条件？

是[　　　　　]　否[　　　　　]

（如果回答是，请提供详细资料；如：1. 地下茎冬季不能受干，北方需防冻；2. 热带型品种在中部地区亦需防冻）

7. 品种繁殖材料保存是否需要特殊条件？

是[　　　　　]　否[　　　　　]

（如果回答是，请提供详细资料）

8. 申请品种需要指出的性状（在最合适的代码后打√，若有测量值，请填写）

| 性状 | 表达状态 | 代码 | 测量值 |
|---|---|---|---|
| 8.1 仅适用于结藕品种：<br>地下茎：主藕节间形状（性状 2） | 短圆筒形<br>圆筒形<br>长圆筒形 | 1 [　]<br>2 [　]<br>3 [　] | |
| 8.2 植株：大小（性状 4） | 小<br>中<br>大 | 1 [　]<br>2 [　]<br>3 [　] | |
| 8.3 群体花期（性状 14） | 极短<br>极短到短<br>短<br>短到中<br>中<br>中到长<br>长<br>长到极长<br>极长 | 1 [　]<br>2 [　]<br>3 [　]<br>4 [　]<br>5 [　]<br>6 [　]<br>7 [　]<br>8 [　]<br>9 [　] | |
| 8.4 仅适用于植株大小为小株型的品种：<br>花：花数量（性状 15） | 少<br>中<br>多 | 1 [　]<br>2 [　]<br>3 [　] | |

续表

| 性状 | 表达状态 | 代码 | 测量值 |
| --- | --- | --- | --- |
| 8.5 仅适用于植株大小为中株型的品种：<br>花：花数量（性状 16） | 少<br>中<br>多 | 1 [ ]<br>2 [ ]<br>3 [ ] | |
| 8.6 仅适用于植株大小为大株型的品种：<br>花：花数量（性状 17） | 无或极少<br>极少到少<br>少<br>少到中<br>中<br>中到多<br>多<br>多到极多<br>极多 | 1 [ ]<br>2 [ ]<br>3 [ ]<br>4 [ ]<br>5 [ ]<br>6 [ ]<br>7 [ ]<br>8 [ ]<br>9 [ ] | |
| 8.7 花：类型（性状 21） | 少瓣<br>半重瓣<br>重瓣<br>重台<br>千瓣 | 1 [ ]<br>2 [ ]<br>3 [ ]<br>4 [ ]<br>5 [ ] | |
| 8.8 花：形态（性状 22） | 碟状<br>碗状<br>杯状<br>飞舞状<br>叠球状 | 1 [ ]<br>2 [ ]<br>3 [ ]<br>4 [ ]<br>5 [ ] | |
| 8.9 花瓣：上表面主色（性状 24） | 参照比色卡 RHS | | |
| 8.10 雄蕊：瓣化（性状 30） | 无<br>有 | 1 [ ]<br>9 [ ] | |
| 8.11 雌蕊：发育状况（性状 31） | 正常<br>泡状<br>瓣化 | 1 [ ]<br>2 [ ]<br>3 [ ] | |
| 8.12 花托：形状（性状 34） | 喇叭状<br>倒圆锥状<br>伞形<br>扁圆形<br>碗形 | 1 [ ]<br>2 [ ]<br>3 [ ]<br>4 [ ]<br>5 [ ] | |
| 8.13 仅适用于结藕品种：<br>地下茎：主藕节间横切面形状（性状 40） | 近圆形<br>扁圆形<br>近方形 | 1 [ ]<br>2 [ ]<br>3 [ ] | |
| 8.14 仅适用于结藕品种：<br>地下茎：藕节间表皮颜色（性状 42） | 白色<br>浅黄色<br>黄色 | 1 [ ]<br>2 [ ]<br>3 [ ] | |

# 附录二　荷花新品种记载表

<table>
<tr><th colspan="2">荷花（Nelumbo nucifera）新品种记载表<br>The Form for Recording New Lotus Cultivars</th></tr>
<tr><td>品种编号：<br>Cultivar ID number：</td><td>登记日期：　　年　　月　　日<br>Registration Date: Day month year</td></tr>
<tr><td>品种名称（中名）：<br>Cultivar's name（Chinese name）：</td><td>学名：<br>Scientific Name:</td></tr>
<tr><td colspan="2">中名释义：<br>The meaning of Chinese name：</td></tr>
<tr><td>命名人：<br>Nominant：</td><td>单位：<br>Organization:</td></tr>
<tr><td colspan="2">种源：　　年　　月在　　　　　　发现，发现人：<br>（或　　年　　月从　　　　　　引进，引种人：　　　　　　）<br>（或　　年　　在　　　　　　育成，育种人：　　　　　　）<br>Origin : discovered in （month） of （year）　　Discoverer：<br>[or introduced from in （month） of （year）. Introducer：　　　　]<br>[or bred in（month） of （year）. Breeder：　　　　]</td></tr>
<tr><td colspan="2">育种方法：人工杂交　　　母本：　　　　　　父本：<br>（或自然杂交、或芽变育种、或倍性育种、或辐射育种、或激光育种、或离子注入、或太空育种……，简述处理方法）<br>Breeding method: artificial hybridization　Female parent:　　　　　　Male parent:<br>（or natural hybridization, mutation selection, polyploid breeding, radiation breeding, outer space irradiation, etc）</td></tr>
<tr><td colspan="2">外部形态、特性：<br>Morphological characteristics：</td></tr>
<tr><td colspan="2">株型：大（中、小）株型，植于　　号盆（缸、池、塘）中<br>叶径：（　～　）cm ×（　～　）cm<br>Plant size: large （medium, small）, planted in the No. jar （pot/pool）<br>Leaves diameter: （　–　）cm ×（　–　） cm<br>立叶：高（　～　）cm　　花柄：高（　～　）cm<br>Standing leaves: height （　–　）cm　　Peduncles: height（　–　）cm</td></tr>
<tr><td>花期：早（中、晚），　　月　　日始花<br>Flowering time:early（medium,late）,starting from （month）（day）</td><td>群体花期：长（中、短），为　　天<br>Population florescence: long（medium,short）, lasting for days</td></tr>
<tr><td colspan="2">着花密度：密（中、疏），单盆（单缸、1 m$^2$ 水面）开花　　朵<br>Flower density: high（medium, low）, flowers in a jar （pot, per m$^2$）</td></tr>
<tr><td colspan="2">花蕾：桃（长桃、圆桃、橄榄）形，　　　　色<br>Flower bud: shaped like a peach （long peach, round peach,olive）, in color</td></tr>
</table>

续表

<table>
<tr><th colspan="2">荷花（Nelumbo nucifera）新品种记载表<br>The Form for Recording New Lotus Cultivars</th></tr>
<tr><td>花型：少瓣（半重瓣、重瓣、重台、千瓣）型<br>Flower form：few-petalled（semidouble- petalled，double-petalled，duplicate-petalled，all-double-petalled）form</td><td>花瓣数：（ ~ ）枚<br>Petal number:（ – ）</td></tr>
<tr><td>花径：（ ~ ）cm<br>Flower diameter:（ – ）cm</td><td>最大瓣径：长 cm，宽 cm<br>Maximum petal: cm in length, cm in width</td></tr>
<tr><td colspan="2">花态：碟（碗、杯、球、叠球、飞舞）状<br>Flower shape: plate （bowl, cup, ball, overlapped, flying dance）like</td></tr>
<tr><td colspan="2">花色（查对 RHS Colour Chart《英国皇家园艺色谱》）<br>Flower color: verify using RHS Colour Chart</td></tr>
<tr><td colspan="2">雄蕊：多（较多、少）数，（少数瓣化、多数瓣化），附属物：大（小）， 色<br>Stamen: numerous（relatively nunerous，few），（few petaloid，mostly petaloid），with large（small），（color） appendages</td></tr>
<tr><td colspan="2">雌蕊：心皮 ~ 枚；结实（泡化、瓣化）；青熟花托： 形， 色<br>Pistil:carpel（ – ）， able to set fruit （bubble like，petaloid）<br>Receptacle: like （shape）， （color）</td></tr>
<tr><td colspan="2">地下茎：筒（鞭）状<br>Rhizome:tube （whip）like</td></tr>
<tr><td colspan="2">品种性状<br>The distinctive characteristics of the cultivar:<br>与亲本比较：<br>The difference compared with the parents:<br>与近似品种比较：<br>The difference compared with the similar cultivar:</td></tr>
<tr><td colspan="2">本品种于 年在 获 等奖<br>The cultivar won prize in the competition of in（year）</td></tr>
<tr><td colspan="2">制表人：<br>（ fill in the form）</td></tr>
</table>

《荷花新品种记载表》填写说明

① 品种编号：指品种拥有者的自行编号。

② 品种学名：根据《国际栽培植物命名法规》（2006 年第 7 版）规定，荷花品种中文命名后，其学名为荷花种名 *Nelumbo nucifera* 后加上用单引号的中文汉语拼音，如“大洒锦”品种的学名为：*Nelumbonucifera* ‘Dasajin’（属名、种名用斜体字，属名第一个字母大写。品种加词即大洒锦的汉语拼音要正体，第一个字母大写）。品种命名中不能有种名“荷”、“莲”字，过去一些品种命名，如‘小碧莲’‘黔灵白荷’等，今后为申请国际登录，与国际交流，就不能这样命名。还有，与汉语拼音同音的名字不能用，如已有品种命名为‘素白’莲，新品种就不能命名为“苏白”了，

因“素白”“苏白”的汉语拼音都是“Subai”。

③ 中名释义:叙述所命之名的典故、来历、依据、含义等。

④ 发现或引进:不论是在本地或在外地发现或引进的,均应详细地从省(自治区)填至市、县、镇(街道)、村或单位(全称)。

⑤ 育成时间:指被正式命名自行确认为一新品种的时间。

⑥ 着花密度:指群体花期内单缸、单盆、$1m^2$ 水面的开花数。

⑦ 花色:用《英国皇家园艺色谱》查对,认定属某一色系后,再按花瓣的上、中、下 3 部分填记。若有雄蕊、雌蕊瓣化的,其颜色亦应查对填写。

⑧ 雌蕊:结实,指发育完全,无一心皮泡状;泡状,指单缸、盆、$1\ m^2$ 水面有部分花托上的心皮成泡状,不结实或少数结实;瓣化,指单缸、盆、$1\ m^2$ 水面内花的心皮绝大部分瓣化,不结实,但不排除个别花托结 1~2 粒莲子。

⑨ 与亲本比较:指出与亲本的异同和优于亲本的性状。

⑩ 与近似品种比较:指出与 1~2 个近似品种的相似处和主要区别点。

# 附录三　国际莲属（*Nelumbo*）品种登记表

## 国际莲属（*Nelumbo*）品种登记表

国际睡莲及水景园艺协会（IWGS）

| 类型：__________ |
| --- |
| 登记号：__________ |

登录联系人及通讯地址：田代科（博士）
上海市松江区辰花路 3888 号科研中心 D1　邮编 201602
上海辰山植物园（中国科学院上海辰山植物科学研究中心）
电话：（86）21-37792288-932
电子信箱：dktian@cemps.ac.cn
网页：http://www.nelumbolotus.ibiodiversity.net

### 一、品种命名

品种名__________　命名人__________　命名时间__________

命名人通讯地址__________

异名__________　本国语名__________　商品名__________

发现者（单位）__________　通讯地址__________

或引种者（单位）__________　通讯地址__________

或育种者（单位）__________　通讯地址__________

品种登录者（单位）__________　通讯地址__________

登录者电话号码__________　传真__________　电子信箱__________

品种名由来及含义__________

__________

__________

### 二、品种历史

所属种（亚种或杂种）__________

杂交后代__________　母本__________　父本__________

或种藕苗__________　或实生苗__________　或芽变母株__________

或其他育种方式（离子注射、组培、辐射育种）产生__________　种源品种名__________

培育方法简述__________

__________

发现、引种或培育起始时间______________ 地点______________________________
首次开花时间______________________ 首次对外分发或销售时间______________
以何品种名称______________________ 分发或销售去向地点________________
最早发表时间______________________ 出版物名称________________________

该品种是否受专利或商标保护，或者受商业保护？是______________否______________
如果是，请注明专利号或商标名等________________________________________
是否参加过展览？是________否________ 如参展获奖，其奖名称及等级______________

## 三、栽培情况记录

| | |
|---|---|
| 栽培方式 | 盆栽　缸栽　人工池栽　塘栽　大田栽　湖栽　河流（含运河）栽 |
| | **若选前三项之一**，则指明：盆 / 缸的内径 =____cm，深 =____cm；或池面积____$m^2$，深 =____cm |
| | 若选了后 4 项之一，则指明水深：____cm，且表中涉及密度数据应为单位平方米面积的均值。 |
| 观测地点 | 地点名：　　经度：　　纬度：　　海拔（米）： |
| | 年平均气温：　　年最高气温：　　年最低气温： |
| | 全年光照度：　　年均降雨量： |
| 数据记录 | 样本数：　　N= |
| | 其他需要说明的情况： |

注：（1）栽培池、缸和盆的大小尺寸需根据品种大小类型选择，以满足所栽培品种能接近最适生长状态为宜，同时加强水肥管理，使品种达到或趋于最佳生长发育表现，表现出本身的真实性状。

（2）附上观测地点信息（经纬度，海拔高度，最高、最低及平均气温，全年光照度和降雨量等重要气象数据）是为了充分考虑到品种的性状表现可能存在地域差异性。

（3）数据如实填写（参考后面填表说明），且要充分考虑变化幅度。选项栏目可用√或画圈选择（注意可能存在多项选择的情况！）。

## 四、品种性状描述

| | | |
|---|---|---|
| 1 | 株型 | 大型　大中型　中型　中小型　小型　微型 |
| 2 | 幼根颜色 | 白色　粉红色　红色 |
| 3 | 立叶 | 形状：近圆形　椭圆形　长椭圆形 |
| 4 | 立叶数 | ～　片（单缸或单盆的立叶数，或单位平方米面积的立叶数，下同） |

续表

| | | | | |
|---|---|---|---|---|
| 5 | 叶腹面色 | 早春幼钱叶：绿色　绿色泛红　紫红色 | 成熟叶：墨绿色　绿色　绿且边缘浅红 | |
| 6 | 叶鼻间距 | 近无　狭窄　稍宽（亚美杂交莲型）　宽（美洲莲型） | | |
| 7 | 叶高（cm）：　~ | 叶长径（cm）：　~<br>短径（cm）：　~ | 叶表面：粗糙　略粗糙　光滑 | |
| 8 | 叶柄长（cm）：　~　；粗（mm）：　~ | | 叶柄被刺：多少稀少无 | |
| 9 | 叶姿：漏斗形　浅凹　平展　飞雁状（中凹缘垂） | | 群体枯叶期：月（上、中、下旬） | |
| 10 | 花期（月日） | 始花期：　盛花期：　终花期： | | |
| 11 | 着花密度 | ~　朵（/缸、盆、$m^2$） | | |
| 12 | 花高度（cm） | ~　；花叶高比：显著高于叶面　稍高于叶面　近等于叶面　低于叶面 | | |
| 13 | 花蕾 | 颜色：绿色　红绿　红色 | 形状：长卵圆锥形　卵圆锥形　卵球形或球形 | |
| 14 | 花色系 | 白色　黄色　粉红　紫红　复色　洒锦　变色 | | |
| 15 | 花型 | 单瓣（未见雄蕊瓣化）　半重瓣　重瓣　重台　千瓣 | | |
| 16 | 花态 | 杯状　碗状　飞舞状　碟状　叠球状　球状　近不展开 | | |
| 17 | 花冠直径（cm） | ~　（花开第二天上午 8:00 ~ 10:00 记录，盛夏提前 1 小时） | | |
| 18 | 花被片数量（重瓣内外分界明显者，需分开记） | ~<br>（外被：　~　；内被：　~　） | | |
| 19 | 被片形状（重瓣内外分界明显者，需分开记） | 匙形　倒卵形　倒卵披针形　倒披针形<br>（外被：匙形　倒卵形　倒卵披针形　倒披针形）<br>（内被：匙形　倒卵形　倒卵披针形　倒披针形） | | |
| 20 | 被片大小（重瓣内外分界明显者，需分开记录） | 最大者：长（cm）　~　；宽（cm）　~<br>[外被：长（cm）　~　；宽（cm）　~　]（每朵测最大的 3 片）<br>[内被：长（cm）　~　；宽（cm）　~　]（每朵测内被最大的 3 片）<br>最小者：长（cm）　~　；宽（cm）　~　（每朵测量最内 1~2 片） | | |
| 21 | 花色（按 RHS 色卡，内外被片差异大者，分开记） | 基部：　中部：　上部：<br>（外被：基部：　中部：　上部：　）<br>（内被：基部：　中部：　上部：　） | | |
| 22 | 花被背部脉纹 | 明显　不明显　无 | 背脉颜色：白色　黄色　红色　半透明 | |
| 23 | 雄蕊 | 数：~ | 正常　少瓣化　多瓣化　全瓣化 | 长（花丝 + 花药 + 附属物）（mm）：　~ |
| 24 | 花丝 | 颜色：白色　淡黄色　红色 | 长（mm）：　~ | |

续表

<table>
<tr><td>25</td><td>花药</td><td>颜色：黄色　橙红　红色<br>其他：</td><td colspan="2">长（mm）：　~</td></tr>
<tr><td>26</td><td>附属物</td><td>颜色：淡黄色　白色　白色带红斑　紫红</td><td colspan="2">长（mm）：　~　；宽（mm）：　~</td></tr>
<tr><td>27</td><td>雌蕊</td><td>心皮数　　~</td><td colspan="2">正常　部分泡化　全泡化　全瓣化</td></tr>
<tr><td>28</td><td>成熟花托</td><td colspan="3">形状：狭喇叭状　喇叭状　倒圆锥状　伞形　扁球形　碗形</td></tr>
<tr><td>29</td><td colspan="2">花托顶面形状：微凹　平坦（近平展）　凸</td><td colspan="2">花托边缘形状：全缘 / 近全缘不规则波状</td></tr>
<tr><td>30</td><td>花托大小（cm）</td><td>长　~　；直径　~</td><td colspan="2">颜色：黄绿色　绿色　绿色带紫　紫红色</td></tr>
<tr><td>31</td><td>结实率</td><td colspan="3">结实正常　部分结实　很少结实　不结实</td></tr>
<tr><td>32</td><td colspan="2">果实（新鲜）大小（mm）：长　~　；宽　~</td><td colspan="2">顶端近平行花托表面　突出花托表面</td></tr>
<tr><td>33</td><td colspan="2">果实（干）形状：椭球形　卵形　圆球形</td><td colspan="2">果实颜色：黑色　灰黑色　棕褐色</td></tr>
<tr><td>34</td><td colspan="2">果实（干）大小（mm）：长　~　；宽　~</td><td colspan="2">表面光泽度：光亮　灰暗</td></tr>
<tr><td>35</td><td>根状茎发育</td><td colspan="3">明显膨大（典型食用藕型）一般膨大　膨大不明显（似热带莲型）</td></tr>
<tr><td>36</td><td>根茎节间形态</td><td colspan="3">极短近成珠状　短筒形　长筒形　莲鞭状</td></tr>
<tr><td>37</td><td>抗病性</td><td colspan="3">强　中　弱　未知</td></tr>
<tr><td colspan="5">如果是子莲，增加描述以下特征</td></tr>
<tr><td>38</td><td colspan="2">始花节位：</td><td colspan="2">每节平均着花数：　~</td></tr>
<tr><td>39</td><td colspan="2">花托顶面颜色</td><td colspan="2">绿色　绿色带红边　红色　紫红色</td></tr>
<tr><td>40</td><td colspan="2">成熟果实柱头宿存与否</td><td>是　不是</td><td>果脐：突起　平滑</td></tr>
<tr><td>41</td><td colspan="2">果实长宽比：　~</td><td>结实率：　%</td><td>百粒干重（g）：</td></tr>
<tr><td>42</td><td colspan="2">果实表面纹路：明显　不明显</td><td colspan="2">青果期内果皮颜色：白色　红色</td></tr>
<tr><td colspan="5">如果是食用藕类型，增加描述以下根状茎特征</td></tr>
<tr><td>43</td><td colspan="2">根状茎分支强度：强　中　弱</td><td colspan="2">整藕鲜重（kg）：　~</td></tr>
<tr><td>44</td><td colspan="2">初生莲鞭颜色：白色　红色</td><td colspan="2">莲鞭节间长（cm）：　~</td></tr>
<tr><td>45</td><td>藕头形状</td><td colspan="3">短圆钝　长锐尖</td></tr>
<tr><td>46</td><td colspan="2">主藕节间形状：短筒形　长筒形　长条形　莲鞭状</td><td colspan="2">节间端部形状：急缩　渐缩</td></tr>
</table>

| | | | |
|---|---|---|---|
| 47 | 主藕节间 | 长度（cm）：　～　；直径（cm）：　～ | |
| 48 | 主藕横切面形状：圆形　扁圆形 / 椭圆形　近方形 | | 藕肉颜色：白色　黄白色　带红晕 |
| 49 | 藕表皮颜色：白色　黄白色 | | 表皮光滑度：光滑　粗糙 |
| 50 | 藕膨大成熟期 | 早熟　中熟　晚熟 | |
| 51 | 藕熟食口感 | 粉　粉脆之间　脆 | |
| 52 | 其他重要补充描述 | | |
| 53 | 同亲本比较，主要区别 | | |
| 54 | 同近似品种比较，主要区别 | | |
| 55 | 本品种性状等信息的全面综合整理描述 | | |

五、照片

| 编号 | 对象 | 说明 |
|---|---|---|
| 1* | 盛花期整体植株 | 盛花时植株大小反映一般品种植株的最大尺寸 |
| 2 | 完整成熟叶 | 以体现叶片形状和颜色 |
| 3* | 花蕾 | 开花前 1 至几天拍摄，以体现花蕾形状及颜色 |
| 4 | 花（开花第 1 天） | 正、侧面各一（花刚开成一小孔，算开花第 1 天），可体现花被顶部颜色 |
| 5* | 花（开花第 2 天） | 正、侧面各一（花完全开放），体现花各个部位特征 |
| 6* | 雌雄蕊（开花第 2 天） | 近照一，以体现雌雄蕊大致数目、发育状况及雄蕊各部分颜色 |
| 7 | 花（开花第 3 天） | 正、侧面各一，以体现花的颜色及花态变化 |
| 8 | 花（开花第 4 天） | 正面一，以体现花的颜色和花态变化 |
| 9* | 花解剖图（开花第 2 天） | 包括花被片、雄蕊、雌蕊（含幼花托），体现花部各组织形态及颜色 |
| 10* | 成熟花托 | 正、侧面观（果实颜色改变前 1 至几天，果实与花托尚无间隙），体现花托形状、颜色、发育状况和结实情况 |

续表

| 编号 | 对象 | 说明 |
| --- | --- | --- |
| 11* | 种子（如结实） | 体现大小、颜色和形状 |
| 12 | 地下膨大茎形态 | 藕莲型必选项 |
| 13 | 地下膨大茎横切面 | 藕莲型必选项，体现莲藕切面颜色、孔数目、形状大小及排列方式 |
| 14 | 母本花部正面照（开花第 2 天） | 用于鉴定亲本及亲子遗传特征的鉴定 |
| 15 | 父本花部正面照（开花第 2 天） | 没有可缺失，用于杂交性状遗传规律的鉴定 |
| 16 | 近似品种花正面照（开花第 2 天） | 除明确无误大家熟知的品种，如‘单洒锦’‘中山红台’，其余应该提供 |

注：(1)带 * 及粗体字条目者为必需，其他候选；

(2)所有花部照片特别是花开第 1~2 天应该在上午 8—10 点拍摄，拍摄最佳适宜时间应根据天气和季节稍作调整；

(3)照片力求清晰、像素和分辨率符合相关要求，最好用单反数码相机；

(4)特殊品种花的照片根据品种特性调整，如“千瓣莲型”需要在外层花瓣开始脱落和内部花被露出展开时分别拍摄照片。

登录品种采集照片图例

# 荷花国际品种登录表信息采集和表指南说明

**一、品种命名**

1. 品种名：用英文或英文字母拼写，如有汉字(如中文、日文等)，也请写上汉字名称。命名人须根据最新版的《国际栽培植物命名法规》要求给新品种取一个合法适当的名字。一个完整品种名的最低要求：一是属名(该品种所属科属)+‘品种具体名称’；二是普通名(英文)+‘品种具体名称’。二者任一皆可，但是，如果使用后者方式，其普通名必须常用、且无异议，如Apple为苹果的统称，全世界通用，无争议，可用其作为品种名组成。但荷花品种不能用其俗名Lotus开头命名，只能用属名*Nelumbo*，因为Lotus还可指豆科的百脉根属(*Lotus* Linn.)植物。

此外，若品种来源于一个物种的，全名由物种名(拉丁名全称，由属名和种加词构成)+‘品种名’构成，如*Nelumbo nucifera*‘Zhizun Qianban’；品种为杂种起源的，也由属名+‘品种名’构成，不再用乘号，如*Nelumbo*‘Pink Lips’，而不能用*Nelumbo nucifera* × *lutea*‘Pink Lips’，或*Nelumbo* ×‘Pink Lips’。属名、种加词需用斜体。

品种命名注意事项：

1）自 2004 年 1 月 1 日起，单独的字母、数字不能使用在品种名中，但是由字母或单词和数字组成的名字则合法；

2）绝大多数情况下，品种名应不含标点符号，如“！”“.”“？”“/”等；

3）品种名中不能出现“@”“$”“%”“+”等；

4）同其他属名、俗名易发生混淆的词汇不能用；

5）新品种的命名不能同以往已有品种名雷同或太接近，以防止混淆；

6）中文品种名字数最好不超过 5 个汉字，不能超过 6 个汉字等；

7）过分夸大品种性状的词汇不能用，如“最长的”“最短的”“最好的”“最漂亮的”；

8）其他：见《国际栽培植物命名法规》（第 8 版，有中文翻译版）。

2. 异名：是指该品种除了所取正式名称外，还有其他名字，如有的品种早已在局部地区存在，并已有名称被使用，只是没有公开出版，或没有登录，由于该名称不太理想或不合法等，在登录时又需要给该品种取一个新的合法名字时，以前的名字则作为异名处理。

3. 商品名：是指除了合法的正式名称外，为了商业目的，可能还有一个或多个商业品种名称。

4. 发现者、引种者：两者可能是同一个人或单位，前者是指首先发现该品种的野生居群或变异株的人或单位；后者是指首次引种该“新品种”（未命名前）的人或单位。

5. 育种者：亲自培育该新品种的人或单位，无论育种方法为直接选育或杂交选育。

6. 品种登录者：亲自提出申请登录该品种的人或单位，也可能同发现者、引种者、育种者为同一人或单位。

**二、品种历史**

1. 所属种（亚种或杂种）：目前莲属的“两种”分类观点不一定被所有人接受，根据具体情况写明种源：亚洲莲（*Nelumbo nucifera*）、美洲莲（*N. lutea*）或亚美杂交莲（*N. nucifera*×*lutea* 或 *N. lutea*×*nucifera*），甚至其他种类（如俄罗斯、泰国等把本国产的一些莲单独成种处理）

2. 杂交后代、实生苗、芽变或其他育种方式：请在相应情况后面打钩选择，并指出相应的母本及父本（如果有的话），并简要介绍相应的育种方法。

3. 发现、引种或培育时间：培育时间请写最早开始培育到完成第一次生长发育周期的时间。

4. 品种名称：是指该品种第一次被交流介绍时所用的名称。

5. 出版物名称：指一切对外公开的印刷品包括学术期刊、会议论文集、简讯、品种目录等，但不包括网络、博客等非正式出版文章。

**三、栽培记录**

1. 除了在野外自然生长条件下直接观察和采集数据外，培育的新品种应栽于小池和大缸（盆）中。池和缸盆的尺寸需根据品种大小类型选择，以充分满足该品种能接近最适宜生长状态，同时加强水肥管理，使品种达到或趋于最佳生长发育表现，形态特征充分展现出来，否则评估的数据不准确，不太适用于比较鉴定和研究。

2. 为了确保新品种性状的稳定，品种物候及形态学观察记录至少连续 3 年。

3. 数据记录要以健康生长的植株为准，病态株或不正常的器官不应该纳入数据统计。

4. 性状记录要尽量抽样 8 株 / 盆（缸）或朵以上（特殊情况不应该少于 6 株或朵），因此如第一年记录样本数不够，第二年应扩大繁殖满足数据采集的统计学最低要求。

5. 附上观察地点信息：地点，经纬度，海拔高度，最高、最低及平均气温，全年光照度和降雨量等重要气象数据，因为不同地域和小气候会影响荷花的生长表现。

6. 尽可能地记录所有信息。

7. 所有数据采用国际度量标准：即 cm（厘米），mm（毫米）或 g（克）。

**四、品种描述**

1. 株型：由于对荷花性状的科学评估标准还没有统一（仅以盆栽系统来评估显然不太科学和真实），加上株高受地理位置和栽培管理条件差异较大，因此目前该项尚无统一标准。本记录表中荷花植株大小的评估应该在其自然适宜生长状态或人为提供适宜的生长环境（如池栽）条件下的表现来测量才科学。株型分类尽管比较武断，但也有一些科学参考依据，如：一是食用藕、子莲品种、从野外自然居群中直接引种命名或筛选出来的观赏荷花品种通常株高（以池田湖栽为标准）都在 1.5 m 以上，属于大型荷花；二是人工培育出的观花类品种大多数高度在 1 m 左右，应该归为中型品种；三是有一部分观花类品种一般高度在 50 cm 以下，多数可视为碗莲系列，有的甚至很少或几乎没有立叶，应为小型品种。一般分成三类即可，如果介于 3 类之间不太好归类，可再细分成大中型和中小型类，根据实际情况掌握，因为株高的分类是不得已实行的主观分类法。

2. 幼根颜色：是指种子萌发或种藕新长出幼嫩根的颜色，不同品种可能会有差异。

3. 立叶形状：易理解。

4. 立叶数：应该在开花末期，群体枯黄期来临前计数，这时候立叶数基本达到最大值。

5. 叶色：幼叶的颜色以叶刚完全展开时观察为准。

6. 叶鼻：是指位于叶片腹面的正中央，叶柄同叶片的着生处，由一对近肾形的结构组成，两者明显分开或相连，形态及间距品种间存在差异。

7. 叶高：是指由盆底 – 基质界面（或池田湖土壤表面）到叶片顶端的高度。盆栽因用土量、盆大小及高度、水位高度的变化较大，为了避免误差，比较科学地反映出荷花叶的真实高度，盆栽荷花植株的高度不宜从盆沿、基质表面或水面作为基点测量。而对于池田湖栽的植株，为了操作方便，可从土壤表面作为基点测量。叶大小：一般来说，正面对荷叶，荷叶有方向性：即纵向（南北）直径上方处（正北方）有一小尖齿，南北轴线叶两端通常凹陷，根据“左西右东、上北下南”的原则测量荷叶尺寸，即长径：左右（东西）中轴线最长距离；短径：左或右半边叶纵向最长距离。叶表面质感：粗糙：叶表面全部或大部分触摸有粗糙感；略粗糙：叶仅上部或近边缘部略有粗糙感;光滑:叶表面光滑,无粗糙感,如美洲黄莲。

8. 叶柄长:测量基点同叶高,叶柄的顶端为柄 – 叶联合处。

9. 叶姿:荷花的叶姿态差异明显,有的深凹陷明显成漏斗状;有的仅微凹至近平展;有的中央微凹,中部稍凸或平,但边缘略下垂,成飞燕翅状。群体枯叶期:是指栽培荷花群体植株开始枯黄至几乎完全枯黄的时间。

10. 花期:指群体花期,由首次开花到最后一朵花的时间段(当然,最后一朵花的开花时间要科学掌握,应排除例外情况)。

11~13. 易理解。

14. 花色系:黄色系,其实为淡黄色,目前还没有出现真正黄色的荷花品种;复色系,指一朵荷花的花瓣同时存在两种以上的颜色,颜色变化均匀过渡;洒锦系,指花被片上除了一种颜色,至少还有另外一种颜色点缀其中,间隔十分明显,没有颜色过渡区,不同于复色花。花色选取一朵花测量即可。

15. 花型:单瓣("少瓣"用词不太科学):是指花的各部分发育正常,花瓣形态完整,外观上观察雄蕊没有参与花瓣的形成,看不出任何有雄蕊瓣化的痕迹;半重瓣:只有花的部分雄蕊参与了花被的形成,可看到过渡类型,花瓣数通常约 80 以下,该类可分轻度半重瓣、中度半重瓣、高度半重瓣;重瓣:花的雄蕊几乎全部特化成花瓣,雌蕊部分至全部退化、参与了花被及其类似结构的形成。重台:为高度半重瓣或重瓣花的特殊类型,部分雄蕊保留,花托保留或近无,但心皮基本上明显泡化或特化成花瓣状结构,形成上下双层花被结构,如'红台莲''中山红台';千瓣:实为重瓣花的极端类型,真正的全重瓣花,雌雄蕊、花托均消失并特化成花瓣,如'至尊千瓣''千瓣莲'等。

16. 花态:常依据花开第 2 天上午判定,但同一般品种比较,也有少数品种正常开花时间时基本上不展开,或几乎等外被片完全慢慢脱落后才展开(如'千瓣莲')。图例待补充。

17. 花冠直径:除少数品种(如'至尊千瓣''千瓣莲'等)外,应该在花开第 2 天上午 8—10 点测量尺寸,即花开自然情况下的最大直径。花的直径应该充分考虑到变异的幅度和统计学方法:确定正常的最小、最大花各量一朵(通常早期和末期开花常小,盛花期最大及最小花并存,因此要选择不同时期测量),总计测量 6 朵以上(如果有的话),不能错过盛花期的数据。

18. 花被片数量:尽管最外部一对花被呈绿色或紫红、最小、早落,可当萼片处理,但其他花被没有明显花萼、花瓣之分界,也无明显分轮(单瓣类型)。因此,计数时所有被片(包括可能早脱落的)都应考虑。最好在花最外层被片尚未脱落或刚脱落,花开放前计数花被片最准确,按此统一比较标准。如果重瓣花品种内外被片分界十分明显,应分开计数,便于形态学比较鉴定,因为内被小、为雄蕊特化而来。对于高度重瓣化品种,内被出现 2 到多个被片基部至大部分联合,但可根据顶端裂齿数区别,仍然按齿数计算瓣数,如'中山红台''至尊千瓣'等。花瓣数计数花朵总数应该在 6 朵以上,应考虑到早中后期的花,数据尽量反映出品种的真实变异幅度。

19. 被片形状:略。

20. 被片大小:统一在花完全开放时测量,一般品种在第二天上午 8:00—10:00(盛夏时前移 1 小时),特殊品种合理处理。具体测量方法:参考花冠测量,先确定最大、最小花各一朵,并由花冠外到内选最大、最小各 1 被片先测量(最大者通常不一定一枚即可选准,因此测 3 枚目测可能最大者基本可保证最大者被包含),然后随机抽样花 6 朵,按同样方式测量取平均值及变异幅度。测量时按:长 = 花被中轴纵向长度;宽 = 被片最大横向宽度。

21. 花色:在花完全开放当天(一般为开花第 2 天)8:00—10:00(盛夏时前移 1 小时)测量,选择晴朗天气,测量被片正面(腹面)颜色。测量方法按最新出版的英国皇家园艺学会(RHS)色卡使用指南。如果被片颜色比较一致则测量大被片的中间部位即可(如纯白色荷花品种);否则,要求分基部、中部和上部分别测量和描述;如果有内外轮明显差异,分开测量和描述;对于花色嵌合体(如洒锦类)、花被顶尖颜色明显不同等,不同色位需要分别测量和描述。

22. 易理解。

23. 雄蕊:长度:分别测量花丝、花药和雄蕊附属物的长度,然后三者相加,如果该品种雄蕊的某个部位特别短或长,十分特别,应该补充描述该特征。

24. 易理解。

25. 花药:除了黄色、红色外,如有其他颜色请指出说明。

26. 易理解。

27. 雌蕊:心皮数是指将来可能发育成果实(莲子)的那部分结构。

28. 近成熟花托:形状。

29. 花托顶面和边缘形状:略。

30. 花托大小:指花托接近成熟时的大小。长:纵向长度;直径:如果不规则,有长短径之分。

31. 易理解。

32. 果实(新鲜)大小及顶端是否突出花托表面:易理解。

33~34. 果实(干)形状及颜色等:指干燥后的带壳莲子特征,易理解。

35. 易理解。

36. 根状茎节间形态:略。

37. 抗病性:指抵抗荷花主要疾病如腐败病的能力。

38~44. 易理解。

45. 藕头形状:略。

46. 主藕节间及节间端部形状:略。

47. 易理解。

48. 主藕横切面形状:略。

49~51. 易理解。

52. 其他重要补充描述:如有其他重要特征或信息,补充在此项。

53. 同亲本比较主要区别:描述该品种与其亲本的主要性状差别或优缺点。

54. 同近似品种比较主要区别:描述同该品种最接近的一至多个品种的主要区别特征。

55. 本品种性状等信息的综合描述:根据以上记录表信息,将该品种的性状特征进行全面综合、概括描述,必要时可适当补充以上没有记录的其他重要信息。

**附件 2　栽培记录总原则**

1. 除了在野外自然生长条件下直接观察和采集数据外,新品种应栽于小池和大缸(盆)中,池和缸盆的大小尺寸需根据品种大小类型选择,以满足该品种能接近最适宜生长状态为宜,同时加强水肥管理,使品种达到或趋于最佳生长发育表现,否则评估的数据不准确,用于比较鉴定和研究价值就不大。

2. 为了确保新品种性状的稳定,品种物候及形态学观察记录至少连续 2 年。

3. 数据记录要以健康生长的植株为准,病态株或不正常的器官不应该纳入记录。

4. 性状记录要尽量抽样 8 株(盆 / 缸或叶 / 花)以上(特殊情况样本不应该少于 6),因此如第一年数量不够,记录后第二年应扩大繁殖满足数据采集的统计学最低要求再补充记录。

5. 最好附上观察地点信息:地点,经纬度,海拔高度,最高、最低及平均气温,全年光照度和降雨量等重要气象数据。

6. 尽可能地记录所有信息。

7. 所有数据采用国际度量标准:即厘米(cm),毫米(mm)或克(g)。

# 附录四　江苏省非主要农作物品种认定办法

## 江苏省非主要农作物品种认定办法

第一条　为科学、公正、及时地认定非主要农作物品种，根据《江苏省种子条例》（以下简称《条例》），制定本办法。

第二条　在江苏省境内的非主要农作物品种认定，适用本办法。

第三条　本办法所称的非主要农作物是指未列入国家登记目录的非主要农作物。

第四条　非主要农作物品种认定采取自愿的原则。

第五条　非主要农作物品种认定工作由江苏省农业农村厅主管，具体工作由江苏省种子管理站承担。

第六条　申请品种认定的单位和个人（以下简称申请者）向省农业农村厅提出申请。

申请认定具有植物新品种权的品种，还应当经过品种权人的书面同意。

第七条　申请认定的品种应当具备下列条件：

（一）人工选育或发现并经过改良；

（二）具备特异性、一致性、稳定性；

（三）具有符合《农业植物品种命名规定》的品种名称。

（四）已完成品种试验。

品种试验由申请者自行组织，应当对品种丰产性、稳产性、适应性、抗性等进行鉴定。试验时间不少于 2 个生产周期，有效试验点不少于 3 个，试验按试验规范执行，试验规范另行制定。在生长的关键时期，申请者委托学会、协会等行业组织或自行组织 3~5 名专家进行现场考察，对试验质量和品种表现进行评价，形成现场考察鉴定报告。专家应具有副高及以上职称或副处级及以上职务。

第八条　申请品种认定的，应当向省农业农村厅提交以下材料：

（一）品种认定申请表；

（二）品种选育报告，包括亲本组合以及杂交种的亲本系谱关系、选育方法、世代和特性描述、品种标准图片；

（三）品种试验报告，包括各周期、各试验点试验报告和汇总结果；

（四）抗性鉴定报告；

（五）品质检测报告；

（六）DUS 测试报告或品种权证书；

（七）转基因安全证书或非转基因承诺书；

（八）品种现场考察鉴定报告；

（九）品种和申请材料真实性、合法性及无品种权争议承诺书。

抗性鉴定报告和品质检测报告在品种描述涉及抗性、品质时须提供。抗性鉴定报告、品质检测报告、DUS测试报告由有能力的单位出具。

第九条　每年4月、10月集中受理申请材料，在收到申请材料20个工作日内作出受理或不予受理的决定，并书面通知申请者。

申请者可以在接到不予受理通知后20个工作日内陈述意见或者对申请材料予以修正，逾期未陈述意见或者修正的，视为撤回申请；修正后仍然不符合规定的，驳回申请。

第十条　省种子管理站组织专家对予以受理的材料进行审核，提出审核意见。

审核通过的品种，在省农业农村厅网站公示，公示时间不少于30日。

公示无异议的，由省农业农村厅公告，并颁发认定证书。

认定公告公布的品种名称为该品种的通用名称。禁止在生产、经营、推广过程中擅自更改该品种的通用名称。

第十一条　未通过认定的品种，省农业农村厅在30日内书面通知申请者并说明理由。申请者对认定结果有异议的，可以自接到通知之日起30日内，向省农业农村厅申请复审。

第十二条　通过认定的品种应在认定公告发布之后30日内向省农业农村厅指定机构提交标准样品。

第十三条　对已认定品种，存在申请文件、标准样品不实、在使用过程中出现不可克服严重缺陷等情形时，由省农业农村厅撤销认定并发布公告。

第十四条　品种认定工作人员应当忠于职守、公正廉洁。不依法履行职责、弄虚作假、徇私舞弊的，依法给予处分；自处分决定作出之日起5年内不得从事品种认定工作。

第十五条　申请者在申请品种认定过程中有欺骗、贿赂等不正当行为的，3年内不受理其申请。

第十六条　品种申请、试验、测试、鉴定承担单位与个人应当对数据的真实性负责，并保证数据可追溯。品种申请、试验、测试、鉴定机构伪造试验数据或者出具虚假证明的，按照有关法律、法规的规定进行处罚。

第十七条　本办法由江苏省农业农村厅负责解释。

第十八条　本办法自2021年2月1日起施行。

# 附录五　引用法律法规

1.《中华人民共和国种子法》

2.《中华人民共和国植物新品种保护条例》

3.《中华人民共和国植物新品种保护条例实施细则（农业部分）》

4.《最高人民法院关于审理植物新品种纠纷案件若干问题的解释》

5.《最高人民法院关于审理侵害植物新品种权纠纷案件具体应用法律问题的若干规定（二）》

6.《农业植物品种命名规定》

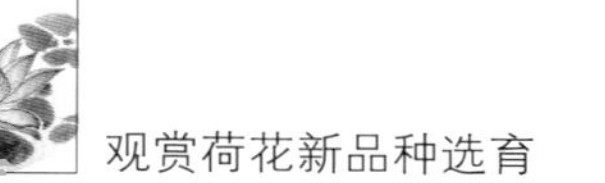


# 附录六　主要参考文献

1. 王其超,张行言 . 中国荷花品种图志[M]. 北京:中国建筑工业出版社,1989.
2. 中国科学院武汉植物研究所 . 中国莲[M]. 北京:科学出版社,1987.
3. 武汉园林科研所 . 盆荷拾趣[M]. 武汉:武汉出版社,1988.
4. 邹秀文,赵效锐,靳晓白 . 中国荷花[M]. 北京:金盾出版社,1997.
5. 丁跃生,童兆琴 . 碗莲　睡莲[M]. 南京:江苏科学技术出版社,1998.
6. 王其超,张行言 . 中国荷花品种图志[M]. 北京:中国林业出版社,2005.
7. 张行言,陈龙清,王其超 . 中国荷花新品种图志 1[M]. 北京:中国林业出版社,2011.
8. 唐宇力,等 . 杭州西湖荷花品种图志[M]. 杭州:浙江科学技术出版社,2017.
9. 杨晓红,王文和,张克中,等 . 园林植物遗传育种学[M]. 北京:气象出版社,2004.
10. 吴建慧,杨青杰,赵倩竹,等 . 园林植物育种学[M]. 哈尔滨:东北林业大学出版社,2012.
11. 张菊平 . 园艺植物育种学[M]. 北京:化学工业出版社,2019.
12. 章承林 . 园艺植物遗传育种[M]. 重庆:重庆大学出版社,2013.
13. 季孔庶 . 园艺植物遗传育种(第 2 版)[M]. 北京:高等教育出版社,2011.
14. 程金水 . 园林植物遗传育种学[M]. 北京:中国林业出版社,2017.
15. 任跃英 . 药用植物遗传育种学[M]. 北京:中国中医药出版社,2010.
16. 李秀丽 . 植物新品种保护法律教程[M]. 北京:中国农业出版社,2020.
17. 刘平,陈超 . 植物新品种保护通论[M]. 北京:中国农业出版社,2011.
18. 朱红莲,柯卫东 . 优质莲藕高产高效栽培[M]. 北京:中国农业出版社,2019.
19. 于清泉 . 莲藕安全生产技术手册[M]. 北京:金盾出版社,2017.
20. 魏林,梁志怀 . 莲藕病虫草害识别与综合防治[M]. 北京:中国农业科学技术出版社,2013.
21. 张义君,荷花[M]. 北京:中国林业出版社,2004.